"十三五"国家重点图书出版规划项目

中国特色畜禽遗传资源保护与利用丛书

南 阳 牛

王建钦　王玉海　茹宝瑞　主编

中国农业出版社

北 京

图书在版编目（CIP）数据

南阳牛 / 王建钦，王玉海，茹宝瑞主编 . —北京：
中国农业出版社，2020.1
（中国特色畜禽遗传资源保护与利用丛书）
国家出版基金项目
ISBN 978 - 7 - 109 - 26693 - 3

Ⅰ.①南…　Ⅱ.①王… ②王… ③菇…　Ⅲ.①南阳牛
—饲养管理　Ⅳ.①S823.8

中国版本图书馆 CIP 数据核字（2020）第 050427 号

内容提要：本书系统介绍了南阳牛的品种起源与形成、品种核心资源场保种方法，胚胎、冻精等保种技术，利用南阳牛品种资源与引进的皮埃蒙特牛、德国黄牛，分别开展皮南牛、德南牛的育种工作；对南阳牛基地建设、农区饲养模式、秸秆综合利用、全混合日粮配制、疫病防控技术、高档牛肉生产、牛肉加工品牌建设等也作了介绍；同时，对牛场建设与环境控制、废弃物处理与资源化利用等内容进行了阐述。

中国农业出版社出版
地址：北京市朝阳区麦子店街 18 号楼
邮编：100125
责任编辑：周晓艳
版式设计：杨　婧　责任校对：沙凯霖
印刷：北京通州皇家印刷厂
版次：2020 年 1 月第 1 版
印次：2020 年 1 月北京第 1 次印刷
发行：新华书店北京发行所
开本：720mm×960mm　1/16
印张：14.25
字数：257 千字
定价：98.00 元

丛书编委会

本书编写人员

主　编　王建钦　王玉海　茹宝瑞

副主编　谭书江　刘青山　王红艺　李志明　刘　贤
　　　　　田全召

编　者　（按姓氏笔画排序）
　　　　　王　东　王　帅　王玉海　王红艺　王金遂
　　　　　王建钦　王献伟　左瑞雨　田全召　冯海强
　　　　　刘　贤　刘青山　杜书增　李玉顺　李巧珍
　　　　　李志明　李克丽　李恒帅　吴胜军　张宝富
　　　　　张凌洪　茹宝瑞　施保献　袁　虎　常耀坤
　　　　　商一星　梁　爽　韩　露　谭书江

审　稿　张胜利

　　我国是世界上畜禽遗传资源最为丰富的国家之一。多样化的地理生态环境、长期的自然选择和人工选育，造就了众多体型外貌各异、经济性状各具特色的畜禽遗传资源。入选《中国畜禽遗传资源志》的地方畜禽品种达 500 多个、自主培育品种达 100 多个，保护、利用好我国畜禽遗传资源是一项宏伟的事业。

　　国以农为本，农以种为先。习近平总书记高度重视种业的安全与发展问题，曾在多个场合反复强调，"要下决心把民族种业搞上去，抓紧培育具有自主知识产权的优良品种，从源头上保障国家粮食安全"。近年来，我国畜禽遗传资源保护与利用工作加快推进，成效斐然：完成了新中国成立以来第二次全国畜禽遗传资源调查；颁布实施了《中华人民共和国畜牧法》及配套规章；发布了国家级、省级畜禽遗传资源保护名录；资源保护条件能力建设不断提升，支持建设了一大批保种场、保护区和基因库；种质创制推陈出新，培育出一批生产性能优越、市场广泛认可的畜禽新品种和配套系，取得了显著的经济效益和社会效益，为畜牧业发展和农牧民脱贫增收作出了重要贡献。然而，目前我国系统、全面地介绍单一地方畜禽遗传资源的出版物极少，这与我国作为世界畜禽遗传资源大

1

国的地位极不相称，不利于优良地方畜禽遗传资源的合理保护和科学开发利用，也不利于加快推进现代畜禽种业建设。

为普及对畜禽遗传资源保护与开发利用的技术指导，助力做大做强优势特色畜牧产业，抢占种质科技的战略制高点，在农业农村部种业管理司领导下，由全国畜牧总站策划、中国农业出版社出版了这套"中国特色畜禽遗传资源保护与利用丛书"。该丛书立足于全国畜禽遗传资源保护与利用工作的宏观布局，组织以国家畜禽遗传资源委员会专家、各地方畜禽品种保护与利用从业专家为主体的作者队伍，以每个畜禽品种作为独立分册，收集汇编了各品种在管、产、学、研、用等相关行业中积累形成的数据和资料，集中展现了畜禽遗传资源领域最新的科技知识、实践经验、技术进展与成果。该丛书覆盖面广、内容丰富、权威性高、实用性强，既可为加强畜禽遗传资源保护、促进资源开发利用、制定产业发展相关规划等提供科学依据，也可作为广大畜牧从业者、科研教学工作者的作业指导书和参考工具书，学术与实用价值兼备。

丛书编委会

2019 年 12 月

序言

　　我国是世界畜禽遗传资源大国，具有数量众多、各具特色的畜禽遗传资源。这些丰富的畜禽遗传资源是畜禽育种事业和畜牧业持续健康发展的物质基础，是国家食物安全和经济产业安全的重要保障。

　　随着经济社会的发展，人们对畜禽遗传资源认识的深入，特色畜禽遗传资源的保护与开发利用日益受到国家重视和全社会关注。切实做好畜禽遗传资源保护与利用，进一步发挥我国特色畜禽遗传资源在育种事业和畜牧业生产中的作用，还需要科学系统的技术支持。

　　"中国特色畜禽遗传资源保护与利用丛书"是一套系统总结、翔实阐述我国优良畜禽遗传资源的科技著作。丛书选取一批特性突出、研究深入、开发成效明显、对促进地方经济发展意义重大的地方畜禽品种和自主培育品种，以每个品种作为独立分册，系统全面地介绍了品种的历史渊源、特征特性、保种选育、营养需要、饲养管理、疫病防治、利用开发、品牌建设等内容，有些品种还附录了相关标准与技术规范、产业化开发模式等资料。丛书可为大专院校、科研单位和畜牧从业者提供有益学习和参考，对于进一步加强畜禽遗

1

传资源保护，促进资源可持续利用，加快现代畜禽种业建设，助力特色畜牧业发展等都具有重要价值。

中国科学院院士

中国农业大学教授　吴常信

2019 年 12 月

前 言

　　南阳牛是我国五大地方良种黄牛中数量最多、分布最广的一个品种，也是肩峰隆起最高的黄牛品种之一。中心产区位于河南省南阳市的白河、唐河流域。20世纪50年代初期，时任南阳专区畜牧兽医站站长的王一中先生首先提出了"南阳黄牛"这一品种名称。随后中南农业科学研究所易赜严、邱膏泽两位副研究员对南阳黄牛的生物学特性、特征、生产性能和发展情况进行了系统考察研究，并撰写了《南阳黄牛研究》专题报告。从此，南阳黄牛的科研、繁育、改良和发展等工作得到了各级政府的重视。经国务院批准，于20世纪50年代初，直属中国农业科学院的"中国农业科学院黄牛研究所"在南阳建立，1959年南阳地区黄牛良种繁育场成立，1981年国家标准总局颁布了中华人民共和国国家标准《南阳牛》，从此南阳黄牛正式改称"南阳牛"。1986年南阳牛被正式编入《中国牛品种志》。自新中国成立后，农业部连续40多年向各省份计划调拨南阳牛种公、母牛及冷冻精液进行良种推广，不仅使南阳地区的南阳牛产区不断扩大，而且在其他省份也有较大的推广。现今的南阳牛除主产于南阳地区外，毗邻的许昌市、平顶山市、漯河市、驻马店市、周口市及湖北省的西北部区域等也有一定数量的分布。

　　为进一步提高南阳牛品牌的知名度，编者组织专业技术人员对南阳牛 50 多年来的研究资料进行了整理，从南阳牛的品种起源与形成过程、品种特征和生产性能、品种保护、品种繁育、饲料与营养、饲养管理技术、疫病防控技术、牛场建设与环境控制、废弃物处理与资源化利用、产品开发与品牌建设等方面进行了系统总结论述。本书可供南阳牛遗传资源保护与利用研究以及从事黄牛养殖的技术人员参考。由于编者水平有限，书中难免有不当之处，恳请各位读者专家批评指正。

编　者

2019 年 12 月

目录

第一章
南阳牛起源与形成过程

第一节　南阳牛产区自然生态

南阳位于河南省西南部，背靠伏牛山，东扶桐柏山，西依秦岭，南临汉水，是一个三面环山、中南部平坦开阔的盆地，也是一个古老的美丽而迷人的地方。南阳古称宛，是一座历史文化名城，距今已有 2 700 多年的历史。周宣王时封申伯国，于此筑邑。秦朝设南阳郡。西汉时期，南阳郡辖 36 县，郡城长 18 km，为全国六大都市之一。东汉时称为"南都""帝乡"。元代设南阳府，明朝、清朝相沿袭，新中国成立前一直为府治。新中国成立后，设南阳地区行政专员公署，辖 13 县市，办公地仍设在宛城。1994 年 7 月，经国务院批准改设为地级南阳市，辖邓州市、卧龙区、宛城区、方城县、南召县、镇平县、内乡县、西峡县、淅川县、唐河县、新野县、桐柏县、社旗县共 1 市 2 区 10 县，总面积 2.66 万 km²，截至 2017 年末，全市年末总人口 1 010.75 万人，常住人口 863.4 万人，在河南省 17 个省辖市和 1 个省直管市中面积最大、人口最多。

南阳自然地理位置优越，地理坐标为东经 $110°58'\sim113°49'$，北纬 $32°17'\sim33°48'$，属南北过渡带气候。南阳地处南北地理分界秦岭—淮河一线的中原腹地，是中华民族最早的发祥地之一。南阳四季分明、降水量适中、农业发达、饲草饲料资源丰富，为南阳牛的形成提供了得天独厚的自然条件和物质条件。

南阳素有"中原粮仓"之美称，是河南省的粮、棉、油主要产区，国家主要的商品粮、棉基地。全市耕地面积 90 万 hm²，主产小麦、玉米、大豆、水稻、甘薯、棉花、烟叶、芝麻、花生、辣椒等。

南阳林地广袤，面积达 68 万 hm^2。树种达 1 100 多种，其中列入国家和省重点保护的树种有 40 多种。经济树种数百种，盛产核桃、苹果、柑橘、板栗、山楂、油桐等，又是我国最大的优质猕猴桃生产基地。

南阳水、草资源丰富，宜牧地面积 24.5 万 hm^2，水域面积 20.7 万 hm^2，发展畜牧渔业有很大优势。黄牛、猪、山羊、绵羊、家禽的生产量均居全省前列。南阳牛以其体大、肉嫩、皮优、肉役兼用而居全国五大良种黄牛之首，驰名中外。

南阳地处郑州、武汉、西安三大省会城市之间的三角区域中心地带，地理区位优势明显。交通便利，是豫、鄂、川、陕交通要道。目前，焦柳铁路纵贯全境，宁西铁路横穿东西，两大铁路在南阳交会；高速公路、干线公路四通八达，交织成网，波音 737 客机可直达北京、广州、深圳等地，通信设施完备，电力供应充足。

南阳牛是我国五大地方良种黄牛中数量最多、分布最广的一个品种，也是肩峰隆起最高的黄牛品种之一。由北向南，从蒙古牛、中原黄牛到华南牛，我国黄牛肩峰有逐渐增高的趋向。云南牛、海南牛肩峰尤其高，但因肩峰隆起遗传基因发生变异或受"用进废退"的影响，湖北、湖南的部分黄牛肩峰不如南阳牛高。肩峰隆起除反映外貌特征外，还表明牛具有抗热性和抗焦虫病的能力。一些学者根据血液蛋白多态性，认为我国黄牛含有瘤牛的血液，特别是南阳牛含量最多。

第二节　南阳牛产区社会经济变迁

牛是世界上最早为人类驯养的家畜之一。牛由于性情温驯、易饲养，而且有役、肉、乳、皮等多种经济用途，所以历来为人们所重视。其数量多、分布广、价值高，为其他家畜所不及。全世界养牛 13 亿头左右，牛在畜牧业生产中占有较大比重，为人类提供了众多的牛肉产品及制品，牛与人们的生产和生活密切相关。牛虽是人类的朋友和伴侣，但最终也是为人类服务的牺牲者。在漫长的历史长河中，牛及牛产业孕育了极其丰富多彩的文化资源，为人类文明史增添了光辉灿烂的一页。

我国是世界上的养牛大国之一，而且还是最早的养牛国家。中华民族的先民们凭借勤劳、勇敢和智慧，经过狩猎、驯化、饲养等漫长的历史阶段，培育出了南阳牛，并同时逐渐积累了丰富的养牛经验。牛肉的食用和其他牛产品的利用，对人类的生存、繁衍、进化和智能的开发提高起到了不可替代的积极作用。

南阳牛在南阳诸多生物资源宝库中可谓一枝独秀。南阳历史悠久，自然地理环境条件优越，物丰粮茂，美丽富饶，南阳人的先祖在这块宝地上已经繁衍生息了数千年。先辈们在繁衍生息的漫长历史过程中，由于生产、生活的需要而驯育培养出了驰名中外的黄牛良种——南阳牛。南阳牛，其公牛头部雄壮方正，眼大有神，角基较粗，角如萝卜状，颈短厚，稍呈弯弓形，颈侧皮肤多褶皱，鬐甲较高，肩部宽厚，胸骨突出，胸深而宽，肋间紧密，背腰平直，前躯较发达；母牛头部清秀，较窄长，角较细，颈薄，呈水平状，长短适中，中后躯发育良好。总的讲，南阳牛体型高大，肌肉发达，背腰宽广，皮薄骨细，毛色为红、黄、草白三种，以黄色居多，屠宰率高，属较好的役肉兼用型牛。

第三节　南阳牛形成的历史过程

南阳牛不是固有的物种，而是经不断演化形成的。其祖先可追溯到距今6 000余年的新石器时代或更远些。根据历史学家和考古学家的研究，中国黄牛（含南阳牛）的直系祖先是生活于中亚的亚洲原牛。中国黄牛是在新石器时代（距今6 000～10 000年）由野牛逐渐变为家牛的，并且这一时期已经渗进了瘤牛型原牛和欧洲原牛的基因成分。其间经历了狩猎、驯化、驯养的漫长岁月，特别是在人类驯养的环境下，种间交配繁殖，人工选择之后，才逐渐分化形成了南阳牛这一品种群体。贾兰坡、张振标发表在《文物》（1997年第6期）上的《河南淅川县下王岗遗址中的动物群》一文讲：从发掘的牛骨来看，在仰韶文化中期河南省淅川县已有家养的黄牛和水牛。

人类将野牛驯化为家牛是因为人类生存的需要，人类为了获得动物性食物而发明了弓箭，猎取的野兽、野禽就成了人类的食物。随着人类猎取本领的提高，猎取的野兽、野禽逐渐增多，一时吃不完，于是就开始把比较温驯的和幼小的兽类、禽类拴系驯养，以作贮备。这便是人类最早开始贮备食物的一种原始行为。

第二章
南阳牛特征和性能

第一节　南阳牛特征

一、一般特征

南阳牛体型高大，肌肉发达，结构紧凑，皮薄毛细，鼻镜宽，鼻孔大，口大方正，眼大有神，成年公牛鬐甲较高，肩部宽厚，胸骨突出，肋张而圆，背腰平直，荐尾结合处略高，尾巴较细，四肢端正，筋腱明显，蹄大坚实。公牛头部雄壮方正，多显微凹，颈短粗厚，稍呈弓形，颈侧多皱纹，垂皮较发达。成年公牛鼻孔发育对称，肩峰隆起8～9 cm，肩胛骨斜长，前躯比较发达。母牛头较窄长清秀，颈厚呈水平状，长短适中，一般后躯发育良好。

二、毛色特征

南阳牛的毛色以黄、红、草白色为主，毛色是南阳牛品种特征的重要标志之一。南阳牛的毛色与南阳牛的生产性能没有直接关系，但与群众的爱好、选择与地域分布有关。

据20世纪70年代调查，产区1 733头牛中黄色1 325头，占76.46%；红色203头，占11.71%；草白色185头，占10.68%；其他毛色20头，占1.15%。实际上南阳牛也有少量的杂色牛，尤其是在非中心产区及山区。

三、角形特征

南阳牛属有角品种，牛角的遗传属显性遗传。

南阳牛的角形很不一致：从方向上分，有迎风角、顺风角、直叉角、扒头角、垂直角、平角等；从形状上分，有萝卜角、扁担角、疙瘩角、大角和筒子角等；从颜色上分，有黄蜡角、青角、白角等。

南阳牛公母牛角形往往不同，其选种标准亦有不同要求。公牛的角形一般以萝卜角、短扁担角或稍向上向外的筒子角为上等角形，忌大角和直叉角；南阳牛的母牛角形相当复杂，有相当一部分是活络角，母牛的角形以小巧玲珑为上等角形。

四、鼻镜及可视黏膜色泽的特征

南阳牛鼻镜大多为肉色带黑点，乌鼻干或黑鼻干，多见于红色牛中。南阳牛的可视黏膜多为淡红色并伴有黑点。鼻镜及可视黏膜上的黑块或黑点呈显性遗传，因此实际上南阳牛鼻镜及可视黏膜没有黑点的少之又少。在早期选种中，人们曾强调纯肉红色，即粉鼻粉眼粉嘴唇。从品种纯度角度可以要求"二粉"（纯肉红色、淡红色），但从生产角度考虑，不可过分苛求。

五、蹄壳的特征

南阳牛蹄形以圆大木碗状为好。其颜色以琥珀色带血筋者为多，其他有黄蜡蹄、琥珀蹄、黑蹄等。蹄壳色泽与可视黏膜色泽具有一定的相关性，一般规律为可视黏膜色泽深者，蹄壳色泽亦较深。

六、四肢的特征

1. 高脚牛 高脚牛也被称为"高飘牛"。四肢相对较高（长），前肢的长度大于胸深。体躯长，发育较差，肋骨开张不够，皮薄毛细，反应敏锐。母牛头多狭长且多活络角，骨骼较细，体质偏于细致紧凑。毛色大多纯一较淡，黄色、米黄色较多，外形美观。挽车、农作速度迅疾，高脚牛是南阳人民长期处于交通闭塞的状况下，为方便交通长期选育而形成，但耐久力较差；对饲草饲料较挑剔，不易增膘，被人们称为狭肋牛，斜尻的缺点也比较突出。

2. 矮脚牛 矮脚牛也被称为"抓地虎牛"。四肢相对较矮（短），肢长小于胸深。体躯长，胸腹围大，肋骨开张良好，骨骼粗壮，关节粗大。公牛头形多呈三角形，粗短，角较粗大，体质粗糙结实，皮较厚，大都无活络角。毛色多半较深，以红、红黄、红青为多，并伴有黑蹄、黑腿围、黑尾巴、黑鼻镜等特征。矮脚牛挽力较大，持久力较强，耐粗饲，对饲草饲料不是很挑剔，较易增膘。矮脚牛在品系育种中属胸粗系，较接近于肉用牛的体型。

3. **短脚牛**　短脚牛介于高脚牛与矮脚牛之间。发育匀称，胸部发育良好，背腰平直，尻部平整，体质结实，四肢结合良好，毛色较纯一。

短脚牛属于南阳牛中较理想的群体。它融合了高脚牛与矮脚牛的优点。南阳地区黄牛研究所的科研人员杨春德等经过长期的观察研究，认为胸围和体长与体重呈正相关，进而提出通过品系繁育的方法，选择胸粗系（即 4 号品系）和体长系（28 号品系）两个品系，对南阳牛进行肉用新品种的培育。该课题已于 1984 年获得农业部阶段性科研成果奖，之后又先后荣获"七五"全国星火计划成果博览会金奖、河南省农村科技博览会银奖等。

不同类型的南阳牛是南阳不同地区广大群众根据自身不同需求，经长期选育的结果。如沙壤土地带，耕作挽力较轻，道路平坦，驿道运输南阳牛是主要役畜，因此选育四肢较长、肩胛斜长、步伐轻快的高脚牛；而在土质黏重的黑土地，以耕作为主的地区道路崎岖，人们则对挽力较大、耐力较持久的矮脚牛选择较为重视。

从力学观点看，役用为主的南阳牛重心靠前，这是因为斜尻后躯肌肉附着较少，因而役用能力强；而肉用品种牛的重心靠后，后躯发育较平整良好，肌肉附着较丰满，因而役用能力较差。

根据南阳牛以上特征，南阳人民在对南阳牛长期驯化、饲养、使役、繁殖、防病、治病等实践活动中，特别在培育鉴定的实践中，总结积累了一整套由表及里、富于哲理的丰富相牛经验，如：上看一张皮（黄、红、草白等毛色应属纯正），下看四只蹄（四肢及蹄腿结构合理端正）；前看胸膛宽（心脏、肺脏等内脏发育良好，肺活量大，耐使役），后看屁股齐（后躯发育良好是肉用性能较好的表现）；前裆放下斗（前躯发育良好），后裆塞下手（后躯发育稍窄，重心前靠，役用性能好）；前山高一寸（役牛前躯发育良好），力气用不尽（挽力、持久力良好）。

南阳人民还积累了"三长""三饱""三子""三干"标准，"四个三"的具体选育要求如下：

"三长"：颈、背腰和尻部发育应拓展、匀称，这样才能长成大个体。

"三饱"：颈、胸和肋部的发育要求饱满。

"三子"：口如方形桌子一样方正，腿如鸡蛋壳子一样饱满，蹄如木碗子一样圆而结实。

"三干"："干"就是干净、整洁，即眼睑、阴茎和尾部应干净、整洁，忌臃肿多肉。

第二节 南阳牛生物学习性

由于人工选择和自然选择的作用，南阳牛在进化过程中逐渐形成了不同于其他动物的某些习性和特点。了解这些习性和特点，对于采取正确的饲养管理方法、实现南阳牛的科学饲养是十分有益的。

一、睡眠

牛的睡眠时间很短，每日总共 1～1.5 h。因此在夏季对牛可进行夜间放牧或饲喂，使牛在夜间有充分的时间采食和反刍。

二、群居性

牛是群居家畜，具有合群行为，群体中形成群体等级制度和群体优胜序列，当不同的品种或同一品种不同的个体混合时，经过争斗建立起优势序列，优势者在各方面得以优先。放牧时，牛喜欢 3～5 头结帮活动。放牧牛群不宜过大，否则影响牛的辨识能力，争斗次数增加，一般放牧牛群以 70 头以下为宜。在山高坡陡、地势复杂、产草量低的地方放牧，牛群可小一些，相反则可大一些。分群应考虑牛的年龄、健康状况和生理等因素，6～8 月龄牛、老牛、病弱牛、妊娠最后 4 个月牛以及哺乳幼犊的母牛可组成一群，不要把公牛和爱抵架的牛混入这些牛群中，以免发生事故。

舍饲时仅有 2% 的牛单独散卧，40% 以上的牛 3～5 头结帮合卧。牛的群体行为对于放牧按时归队、有序进入挤奶厅和防御敌害具有重要意义。牛群混合时一般要 7～10 d 才能恢复安静，牛的这一习性在育肥时应给予注意，育肥群体中不要加入陌生个体。

三、视觉、听觉和嗅觉

牛的视觉、听觉、嗅觉灵敏，记忆力强。公牛的性行为主要由视觉、听觉和嗅觉等所引起，并且视觉比嗅觉更为重要。公牛看到母牛或闻嗅母牛外阴部时就会产生性行为。公牛的记忆力强，对它接触过的人和事印象深刻，例如兽

医或打过它的人接近它时常有反感的表现。

四、运动

牛喜欢自由活动，在运动时常表现嬉耍性的行为特征，幼牛特别活跃，饲养管理上要保证牛的运动时间，散栏式饲养有利于牛的健康和生产。

五、排泄

一般情况下，牛每天排尿 9～10 次，排粪 12～20 次，早晨排粪次数最多，排尿和排粪时，平均举尾时间分别为 21 s 和 36 s。成年牛每天粪尿的排泄量为 31～36 kg。牛排泄的次数和排泄量因采食饲料的种类和数量、环境温度及个体有差异，排泄的随意性大，对于散放的舍饲牛，在运动场上有向一处排泄的倾向，排泄的粪便大量堆积于某处。牛对粪便不在意，常行走或躺卧于粪便上，舍饲管理上应注意清除粪便。

第三节 南阳牛生产性能

一、役用性能

南阳牛以体格高大、挽力强、速度快而闻名。根据群众的生产经验，每头牛每日可耕作 0.13～0.20 hm²，大公牛每日可耕作 0.27～0.4 hm²，一个耕作期一般负担耕地面积 2.67～4 hm²，母牛也能负担 1.67～2.67 hm²。南阳牛挽车，一般载重 1 000～1 500 kg，可日行 30～35 km，用胶轮车可载重 1 500～2 000 kg，日行 40 km。10 头公牛每头平均最大挽力为 496 kg（423～607 kg），15 头母牛每头平均最大挽力为 365 kg（310～433 kg），公、母牛平均最大挽力分别相当于其平均体重的 130% 和 154%。

二、繁殖性能

母牛一般性成熟期为 8～12 月龄，初配年龄为 2 岁，四季发情，但每年 4—9 月为配种旺季，母牛发情周期为 17～26 d，平均为 21 d，发情持续期为 1～3 d，青年母牛发情持续期较长，老龄母牛发情持续期较短，产后发情一般为 77 d。母牛发情后 13～24 h 配种，受胎率达 69% 左右。南阳母牛平均妊娠期为 280 d 左右，怀公犊则妊娠期稍长。一般母牛繁殖率为 66%～85%，哺乳期为 6 个月，犊牛成活率为 85%～95%，春季产犊较好。种公牛 2 岁开始配种为宜，3～6 岁配种能力最强，自然交配每日可配 1～2 次，一年可配 100 头母牛左右；若采用常规人工授精，配种母牛头数可提高 8～10 倍；冷冻精液配种，每头公牛每年可制作冷冻精液 1 万份左右，配种母牛 200 万头。

三、皮用性能

南阳牛皮质优良，享誉世界，素有"南皮"美誉。南阳牛皮革优点是：纤维结构紧密、均一性较好、孔隙较多。南阳牛皮革在大气中载水量（吸湿性）达 30%～35%，所以只有在大气中相对湿度达 95% 时，方感微潮；而人造革的载水量（吸湿性）只有 8%，所以在大气中相对湿度达 40% 以上，即感到湿漉漉，体感不适。南阳牛皮挠曲好，可承受 3 万～4 万次弯折，而一般的牛皮只能承受 2 万次弯折。南阳牛皮革强度为 95%，比其他牛种高。南阳牛皮鞋面革的伸长率比其他牛种高，可达 39%～43%，而其他牛种为 34%～40%。南阳牛皮革整张手感一致性好。牛皮以南阳牛皮为最，鲁西牛次之，秦川牛再次。

四、肉用性能

南阳牛的肉用性能主要包括增重速度和肉用品质两个方面。主要质量指标有日增重、屠宰率、净肉率、饲料转化率、肉质（诸如嫩度、多汁性、色泽、眼肌面积、优质肉切块率、大理石花纹和香味等）。最大特点是肌纤维细，大理石花纹明显，鲜香味浓，肌肉脂肪中有特殊香味物质，无论是营养价值、促进食欲，还是食疗保健，都是进口牛肉所无法比拟的。

五、泌乳性能

母牛泌乳能力较差，平均日产量 1.5～3 kg，最高日产量 9.15 kg，含脂率 4%～7%，泌乳期可达 6 个月。

第三章
南阳牛品种保护

第一节　南阳牛保种概况

南阳牛保种育种工作是南阳牛产业发展的基础，备受各级政府的关注和支持。南阳牛本身从役用牛选育而来，与引进的肉牛品种相比，存在着发育速度慢、生长周期长、产肉率较低、泌乳性能差、相对经济效益低等缺陷。经过三十余年大面积改良，南阳牛的生产性能特别是肉用性能有了显著提高，相对经济效益提升明显。但是大面积改良必然导致南阳牛的纯种数量逐年减少，南阳牛资源保护的形势也越来越严峻。2015 年南阳市政府与西北农林科技大学签订了南阳肉牛产业发展的技术合作框架协议，内容涉及南阳牛的资源保护与开发利用等，这必将为南阳牛产业发展提供有力的技术保障。为了促进南阳牛产业快速发展，结合目前现状，对于南阳牛保种育种工作制定如下工作实施方案。

一、南阳牛现状普查

1. 方法　依据各县（市、区）近 3 年来的防疫记录（由村、乡、县逐级汇总），并附着参考配种记录（考虑到防疫记录相对于配种记录能更真实地反映目前牛群存栏现状），结合实地调查，利用 2 个月时间尽快摸清南阳牛及杂交改良后代目前的存栏现状。

2. 内容　重点掌握各县（市、区）南阳牛及杂交牛基本存栏规模、品种结构，特别是 15 月龄以上母牛（包括经产和未经产母牛）数量，母牛专业村、5 头以上母牛专业户和养殖大户、母牛规模养殖场等情况。了解肉牛养殖经济效益情况及养殖合作社等组织形式。同时，以表格的形式进行汇总统计，全面掌握全市肉牛发展现状。

二、南阳牛保种及德国黄牛导血育种区域规划

（一）南阳牛保种

采取点面结合的办法，以南阳市黄牛场为重点，建立规模 300 头以上，质量一流、个体均匀整齐、毛色一致的保种核心群；同时在方城、社旗、唐河、宛城、卧龙、邓州、镇平等地选定部分管理比较规范的母牛养殖大户、养殖场及南阳牛集中的乡镇作为南阳牛重点保种区，并建立与千家万户相连接的南阳牛社会保种场若干个，总规模力争达到 5 000 头以上。并集中和加大项目资金扶持力度，以保证社会保种群规模不断扩大、质量不断提高。保种群内确保无外血导入，全部用纯种南阳牛冷冻精液进行封闭选配。

（二）德国黄牛导血育种

除新野县继续用皮埃蒙特牛封闭改良外，全市其他各县（市、区）全部用德国黄牛改良。导血育种区内确保一致，德国黄牛改良全覆盖，并在 20 个重点乡镇中选定 60 个母牛养殖规模 100 头以上、质量较好、发展稳定的母牛专业村建立导血育种区，重点开展技术服务和良种登记。

三、配种计划

（1）保种核心群和社会保种区（场、户）全部用纯种南阳牛冷冻精液配种，切实做到封闭保种。

（2）导血育种区内统一用德国黄牛杂交改良，严禁引入其他肉牛品种，确保导血育种区内德国黄牛为唯一改良品种。

四、良种登记和选种选配

（1）列支专门经费，固定工作车辆，组建专业队伍（从南阳黄牛科技中心和黄牛场抽取专业技术人员 5~6 人，专一从事此项工作），规范测量标准和数据表格，分类建立个体纸质档卡和电子档案。

（2）种牛冷冻精液统一由南阳市种公牛站提供，坚决杜绝外来供种。针

对母牛个体现状，有选择地开展同质选配，并对后代进行持续跟踪和数据测定。

（3）南阳牛保种群内，每年登记符合标准的核心母牛 500 头以上，争取 5 年登记 2 500 头以上；公牛每年登记 40 头以上，争取 5 年登记 200 头以上。育种区内，每年登记符合标准的核心母牛 1 000 头以上，争取 5 年登记 5 000 头以上；公牛每年登记 50 头以上，争取 5 年登记 250 头以上。

五、性能测定

1. 母牛　每年在社会保种群内，通过良种登记，选择特别优秀的后备母牛 180～200 头，对其外貌及不同年龄段的体尺体重、背膘厚、眼肌面积等表型性状进行测定，最后核定等级（由综合性能指数换算而来）后排队，按 3：1 比例选留（60～70 头），选留的后备母牛直接进入保种核心群。

2. 公牛

（1）自身性能测定　通过良种登记，每年选择特别优秀的后备公牛 20 头，对其表型性状进行测定，最后核定等级（由综合性能指数换算而来）后排队，按 2：1 比例选留（10 头），选留的后备公牛进入性能测定站。

（2）后代性能测定　经过第一轮筛选，进入性能测定站的后备公牛按照同期同龄比较法，测算所有后备公牛的相对育种值或利用最优线性无偏预估（BLUE）法估测各后备公牛育种值，比较鉴定（排队）后，按 2：1 比例决定最终留种个体，最终留种个体进入种公牛站（5 头）。

导血育种核心群和保种核心群母牛一样按照以上程序进行逐年更新。南阳牛种公牛群和德国黄牛种公牛群一样，每年按照程序和动态更新率进行更新扩群。

六、建立核心群

1. 公、母牛核心群的建立　以南阳市黄牛良种繁育场为依托，分别建立 300 头规模的保种核心群和 300 头规模的导血育种核心群。以南阳黄牛科技中心为依托，建立规模 20 头、特一级标准、纯血统南阳牛种公牛群和规模 20 头、特级标准的德国黄牛种公牛群。

2. 目标要求

（1）种公牛群　20 头南阳特一级种公牛分属 6 个家系，每个家系最少保持 2 头，彼此间无血亲关系；经过性能测定，遗传稳定；个体档案齐全；平均使用年限 5 年，年动态更新率 20％～25％。20 头特级德国黄牛种公牛群通过性能测定，遗传稳定；个体档案齐全；平均使用年限 5 年，年动态更新率 20％～25％。

（2）种母牛群　2 个核心母牛群标准规模各 300 头，5 年后规模分别达到 500 头以上；特一级标准；个体档案齐全；群体年动态更新率 15％～20％。

（3）保种核心群　在建群、选种选配和系统选育中，倾向建立尻宽和高乳 2 个肉用品系。其中尻宽指个体基本要求为体躯宽大、坐骨端宽 25 cm 以上；高乳指个体体躯方正、乳房发育明显，单胎泌乳量达 1 200 kg 以上。

（4）经过自群繁育和稳定后，进行两系结合，最终建立生长发育快、泌乳性能好、遗传稳定的肉用新品系（本品种选育而来）。

七、保障措施

1. 加强组织领导，组建专业团队　为保障南阳牛保种育种工作的顺利开展，成立南阳牛保种育种工作领导小组，组长由南阳市农业农村局局长兼任，由主管副局长具体牵头。小组成员由南阳市农业农村局畜牧科、南阳黄牛科技中心、南阳市黄牛良种繁育场技术干部及各县农业农村（畜牧）局主管业务副局长组成，负责保种育种工作的项目建设和组织协调工作，定期研究解决实际工作中的重大问题。领导小组下设工作执行机构，组建专业技术队伍，办公地点设在南阳黄牛科技中心，具体负责规划方案制定、种群组建、科研攻关、技术服务等，共同为南阳牛保种育种工作提供组织和技术保障。

2. 加大资金支持，确保工作按计划顺利推进　研究制定促进南阳牛产业发展的优惠政策，加大资金扶持力度。肉牛大县奖励资金、秸秆养畜示范县项目资金、畜牧良种补贴资金、畜禽标准化养殖奖励资金等涉农资金要向社会保种育种区倾斜；积极探索产业发展的投融资机制，强化金融机构对母牛养殖大户和专业村发展的支持力度；要建立长效的资金保障机制，南阳市财政每年要将保种育种经费列入财政预算，支持资金要及时足额到位，确保保种育种工作按计划顺利推进。

3. 强化行政干预力度，用好用活经济手段　对于保种育种工作，特别是在社会保种群和导血育种区强制推广南阳牛和德国黄牛冷冻精液，工作的难度很大。要利用强有力的行政干预，强化执法力度，坚决杜绝外来品种的引入。对违背配种计划、私引乱配的单位和个人进行严肃处理。在推进工作中，要充分利用奖励和补助资金，对各县配合有力的业务管理部门、配种基点和养牛农户进行及时的表彰和奖励；对工作抵触、配合不力的有关部门和个人进行经济处罚，并限期予以纠正。

4. 加强舆论宣传，营造良好发展环境　抓住当前发展肉牛产业的良好机遇，多形式、多渠道地组织开展宣传工作，为南阳牛产业发展营造良好氛围。充分利用电视、报刊、广播、互联网等各种媒体，对南阳牛保种育种工作的意义进行多角度的宣传报道。对内营造气氛，把人们的养牛积极性调动好、引导好、保护好，掀起一轮新的发展热潮；对外积极推介，打响南阳牛品牌，不断扩大南阳牛的影响力和知名度。

第二节　南阳牛保种目标

一、实施目标

1. 保种目标　肉牛体型特征明显，结构匀称，皮毛黄色、均匀一致；体躯方正，后躯发达，全身肌肉丰满；生长发育快，饲料转化率高；产肉率高，泌乳性能好；适应性强、遗传性能稳定。

2. 牛群规模　依托南阳市黄牛良种繁育场，一级育种场（母牛育种核心群）扩群达到 240 头；二级育种场（社会母牛育种群）3 个，平均规模 100 头以上；种公牛核心群达到 15 头；社会基础群达到 8.2 万头。

3. 良种登记　1 500 头以上。

4. 性能测定　测定后备公牛 12 头；选留 3 头补充和更新种公牛群；测定后备母牛 40 头，选留 20 头进入母牛育种核心群。

5. 冷冻精液推广　全年推广冷冻精液 25 万剂，改良后代 7 万头。

二、保种实施内容

1. 开展社会良种登记　统一公母牛卡片、母牛配种登记簿及外形评分记录表等；规范数据记载、归类、建档；建立完善的良种登记数据库。种牛登记标准：符合品种基本要求；血统清楚；综合评定为特级、一级。南阳牛后代登记 1 500 头以上。

2. 搞好肉牛性能测定　通过良种登记和数据统计，优选 6 月龄断奶小公牛 12 头进入性能测定站。通过自身测定和后代测定，进行综合鉴定和评价，最后确定 3 头青年种公牛更新和补充核心种公牛群，其他公牛全部淘汰。种公牛育种核心群达到 15 头。优选社会后备母牛 40 头，通过场外测定和综合鉴定，选留 20 头直接进入母牛育种核心群。

3. 办好良种繁育场　一是以南阳市黄牛良种繁育场为依托，高标准建好南阳牛育种核心群，通过性能测定和补充更新，核心群规模由 240 头扩大至270 头。同时，以社会育种区为依托，建好二级社会育种场，数量由 3 个达到5 个，饲养规模平均达到 100 头以上。

4. 稳定保种区域规模　在宛城、卧龙、唐河、方城、社旗、淅川、南召7 个县（区），选择 15 个养牛基础好、总体规模 5 000 头以上、相对连片的乡镇，建立保种育种区。

5. 创建一流种公牛站　一是通过系统性能测定不断更新扩群，在确保质量的同时稳步提高种公牛群规模。二是通过科学管理，规范技术规程，生产优质冷冻精液，保障肉牛育种和区内外改良需求。三是争取多方支持，不断更新和丰富种源血液，提升种公牛群活力，稳固核心群质量。四是强化硬件建设，补充更新生产设备，提升种公牛站的生产和供种效能。

第三节　南阳牛保种技术措施

一、选配的原则

（一）选配的概念及意义

选配是选种工作的继续，是有目的地决定公母牛的交配，使其后代可以将双亲优良性状的遗传基础结合在一起，以期培育出优秀的种公牛和种母牛。通过选种，可以发现和选出优秀的种牛；而通过适当的选配可以巩固选择成果。相反，不适当的交配系统会使已经获得的选择反应丧失殆尽。所以选配方法在育种中的重要性并不亚于选择，但目前这种重要性往往被忽视。

选种选出的优秀种公牛与不同的种母牛交配，其后代的表现可能会有很大的差异。其原因除公牛的遗传特性不够稳定及环境对后代的影响外，还有亲和力大小的影响。亲和力是指基因结合的能力，主要来自公母牛间遗传物质的互作和互补效应。有些子代的基因型构成好，是由于亲本双方的遗传特征得到互补，亲和力大的基因适当组合；有些子代的基因型构成不好，则是由于亲本原有的适当基因组合遭到重组、分离而被破坏。这也就是说，前者亲和力强，后者亲和力弱。选配的主要任务就是尽可能地选择亲和力强的公母牛进行交配，即人为地、有意识地组织优良的种公牛和种母牛交配。

选种是选配的基础，因为有了优良的种牛选配才有意义；选配又是进一步选种的基础，因为有了新的基因型才有利于下一代的选种。

（二）选配的基本原则

（1）要根据育种目标综合考虑，加强优良特性，克服缺点。

（2）尽量选择亲和力好的公母牛进行交配，应注意公牛以往的选配结果和母牛同胞及半同胞姐妹的选配效果。

（3）公牛的遗传素质要高于母牛，有相同缺点或相反缺点的公母牛不能选配。

（4）慎重采用近交，但也不绝对回避。

（5）搞好品质选配，根据具体情况选用同质选配或异质选配。即用同质选配或加强型选配，巩固其优良品质；用异质选配或改进型选配，改进或校正不良性状和品质。

二、选配类型

（一）品质选配

主要指体质外貌、生产性能等品质改进与提高的选配，又可分为同质选配和异质选配两种类型。

1. 同质选配　就是选用体型外貌和生产性能相近，且来源相似的公母牛进行交配，以期获得相似的优秀后代。同质选配的目的是增加后代中优良纯合基因的数量，使后代牛群的遗传性能趋于稳定，从而提高其种用价值和生产性能。因此，同质选配绝不允许有共同缺点的公母牛进行交配，以避免隐性不良基因的纯合和巩固。在牛的育种中，为了保持纯种公牛的优良性状，或经一定导入杂交后，出现理想的个体需要尽快固定时，采用同质选配。为了提高同质选配的效果，理想的是根据基因型选配。因此，最好能准确判断选配双方的基因型。选配应以一个性状为主，遗传力高的性状效果要高于遗传力低的性状。例如，对我国地方品种产肉性能普遍较低的状况，就可以利用近几年引进的产肉性能好的外国优良种公牛，通过同质选配的方法进行改善。但是如长期采用同质选配，会造成牛群遗传变异幅度下降，有时甚至会出现适应性和生活力降低，因此在育种策略上应避免长期采用同质选配。

2. 异质选配　是以表现型不同为基础的选配，目的是获得选配双方优异品质的结合，使后代兼有双亲的不同优点。也可选用同一性状但优劣程度不同的公母牛相配，以期达到纠正或改进不理想特征特性的目的。异质选配可以综合双亲的优良特性，丰富牛群的遗传基础，提高牛群的遗传变异度，同时也可以创造一些新的类型。但异质选配在使优良特性结合的同时，会使牛群的生产性能趋于群体平均数。因此为保证异质选配的良好效果，必须严格选种并坚持经常性的遗传参数估计工作。

综上所述，同质选配和异质选配是相对的，在生产实践中互为条件、相辅相成。只有两者密切配合、交替使用，才能不断巩固和提高牛群的品质。

（二）其他类型选配

1. 亲缘选配　主要指公母牛双方的血缘关系，一般要求无血缘关系或血缘关系较远，近亲交配常常给后代带来不同程度影响。

在采用亲缘选配时，一是对最优秀的个体才采用亲缘选配；二是进行亲缘选配前，须仔细研究选配公母牛的品质，对品质卓越的种公牛所选配偶的品质在一定程度上应与其相接近，还要注意公母牛之间无相同的缺点，且要与品质选配相结合；三是要加强饲养管理；四是南阳牛对近交的有害影响比较敏感，因此，在近亲和中亲选配时，要注意选配的其他条件；五是对拟近交的种公牛、种母牛，最好进行异环境的培育，将它们放在不同地区或在同一地区不同类型的日粮和小气候中，这样可减轻亲代的有害影响，又能使双亲间保持一定的异质性和较高的同质性。

2. 年龄选配　由于父母的年龄能影响后代的品质，故在选配时要适当注意年龄选配。正确的选配年龄是壮年配壮年，这是最理想的形式，老年的种牛如无特殊价值，应予淘汰；有繁殖能力的老年母牛，应配以壮年公牛；有特殊价值的种公牛，应尽量选配壮龄母牛；幼年的种公牛、种母牛，都应配以壮年的母牛、公牛。当其与品质选配或亲缘选配发生矛盾时，必须服从品质选配或亲缘选配，并以品质选配为主。老、壮、幼年龄的划分因与品种、营养状况等不同而有很大差异，一般来说，年龄在 10 岁以上为老牛，5～10 岁为壮年牛，5 岁以下为幼牛。

三、选配计划的制订

选配的方法有个体选配和群体选配之分。个体选配就是每头母牛按照自己的特点与最合适的优秀种公牛进行交配；群体选配是根据母牛群的特点选择多头公牛，以其中的 1 头为主、其他为辅的选配方式。

为将选配计划制订好，必须了解和搜集整个牛群的基本情况，如品种、种群和个体历史情况，亲缘关系与系谱结构，生产性能上应巩固和发展的优点及必须改进的缺点等；同时应分析牛群中每头母牛以往的繁殖效果及特性，以便选出亲和力最好的组合进行交配。要尽量避免不必要的近交与不良的选配组合。选配方案一经确定，必须严格执行，一般不应变动。但在下一代出现不良表现或公牛的精液品质变劣、公牛死亡等特殊情况下，可做必要的调整。

四、南阳牛的育种

纯种繁育也称本品种选育，是指在南阳牛的品种内部，通过选种、选配和培育不断提高牛群质量及其生产性能的方法。国外许多著名肉牛品种和国内众多的地方黄牛良种都是通过长期的纯种繁育培育而成的；而对于已有的品种，为将其优良特性保持下去，仍然需要继续实行纯种繁育制度，以进一步提高品种的生产性能和增加生产效益。在养牛业中，种牛和大量提供育肥用的架子牛也需依赖于纯种繁育而提供。因此在南阳牛的育种工作中不能忽视纯种繁育工作。

（一）纯种繁育的原则

（1）要保持和发展本品种原有的特点和优良品质，并注意克服本品种原来存在的缺点，在制定本品种选育方案时，应注意品种的优缺点。这样可在保持其优良特性的同时，改善该品种的产肉性能。

（2）选种、选配相结合，注意严格选择基础品种中品质优良的个体，结合有效的选配措施，加强各世代留种个体的选择和不理想个体的淘汰力度，方能取得较大进展，达到预期目标。最好采用品系繁育的方法。

（3）保持良好的饲养管理条件，只有在良好的培育条件下，牛的优良遗传性能才能充分发挥出来。没有良好的培育条件，再好的品种也会逐渐退化，再高的选育手段也起不到应有的作用。

（4）坚持以本品种内选择为主，但不排斥必要时进行适度的导入杂交。在本品种内的缺点仅依靠本品种的个体无法克服时，可以考虑针对其缺点通过引入在同性状中有突出优点的外来品种进行适度杂交，以改良其缺点，达到育种目标。

（二）品种选育的方式

1. 纯种选育　为了增加群体数量，保持品种特性，不断提高品质，需要有计划地进行纯种选育。因为有时杂交的效果并不理想，如法国的夏洛来牛，杂交就曾使其原有的品种优点减退，造成体质变弱、对饲料条件要求过高、体脂肪增多等。恢复了本品种选育，建立了良种登记制度之后，其终于成为优良的肉用品种。又如意大利的皮埃蒙特牛，长期的纯种繁育使其由肉乳役兼用逐渐成为出色的专门化肉用品种。其他国外肉牛品种如利木赞牛、安格斯牛、西门塔尔牛、海福特牛、短角牛等良种，也都采用纯种选育的方法，保持纯种、扩大群体，以满足推广和杂交育种的需要。

2. 杂交选育　该杂交种进入横交固定阶段以后，需要有目的地进行选种选配，稳定其优良性状，使全群质量进一步提高并趋于整齐。这个阶段的育种工作虽然不是在一个品种内进行选育，可是它和品种内选育的方法相似，因此也称自群繁育。

（三）亲缘繁育

亲缘繁育是指相互有亲缘关系的个体间的交配组合。相互间有亲缘关系的个体必定有共同的祖先。从家畜育种学的观点来看，交配双方到共同祖先的世代数在 6 代以内的交配繁殖称为近亲繁殖，简称近交。近交能使牛群中的某些基因在后代中得到一定程度的纯化。巧妙地利用近交可取得意想不到的效果。

1. 近交的遗传效应和作用　有目的地采用近交，主要有以下效应和作用：
（1）固定某些优良性状　在育种过程中，如果发现优秀的个体，可利用近交使基因纯合，有意识地采用近交来固定其优良性状。近交多用于培育种牛，因近交能提高种牛某些基因的纯度，在表型性状上可出现高产性能及优良的体型外貌。这些优良性状能够被固定并且稳定地遗传给后代。对于许多优秀品种的育成，在品种固定阶段或在牛群中固定某头种牛的优良特性时，用近交可迅速达到预期的目的。

近交系数是衡量近交程度的一个量化指标。它表示某一个体由于血缘关系而造成的相同等位基因的概率，即该个体是纯合体的机会。

（2）暴露有害基因　近交既然能使基因纯化，那么也可使隐性的不良基因纯合而暴露出来，产生具有不良性状的个体。因此近交可确定个体种牛的遗传价值。一般1头公牛与其25头左右的女儿交配，基本可以测出公牛所携带的全部隐性基因。对经检验证明有致死或半致死等不良基因的公牛应停止使用，以便有效减少牛群中有害基因的频率和不良的遗传性状。

（3）保持优良个体的血统　根据遗传学原理，任何一头牛的血统在近交情况下都会随世代的更迭不断地变化，只有近交才可使优秀个体的血统长期地保持较好的水平而不严重下降。因此对某些出类拔萃的个体，为保持其优良特性，可有目的地采用近交方式。

（4）使牛群同质化　近交在使基因纯合的同时，可造成牛群的分化，出现各种类型的纯合体，再加上严格的选择，就可得到比较同质的牛群。这些牛群之间互相交配，可望获得较明显的优势，而且后代较一致，有利于规范化饲养管理。另外，比较同质化的牛群还有利于提高估计遗传参数和育种值的准确性，因而对选种有益。

2. 近交的不良后果及其防止　近交会给牛群带来衰退现象，主要表现为近交后代的生活力及繁殖力减退、生长发育缓慢、死亡率增高、体质变弱、适应性差和生产性能下降等现象。为防止近交衰退现象出现，首先必须合理地应用近交，并严格掌握近交的程度，近亲交配只用1次或2次，然后用中亲或远亲交配，以保持其优良性状。

（四）品系繁育

品系繁育是育种工作的高级阶段，其最大特点是有目的地培育牛群在类型上的差异，以使牛群的有益性状继续保持并遗传给后代。这里所说的有益性状不仅仅指生产性能，还包括生长发育、体质健康、繁殖性能和适应性等。在实际工作中，要想挑选十全十美的个体几乎是不可能的，但要从一大群牛中挑选在某一方面具有突出表现的个体则容易得多。因此，对于在某一方面表现突出的个体类群，采用同质选配的方法，甚至配合一定程度的近交，就可以将该品种某一方面的优良性状继续保持下去。采用此法，在一个品种内建立若干个品系，每个品系都有其特点，以后通过品系间的结合（杂交）即可使整个牛群得到很多方面的改良。故品系育种既能达到保持和巩固品种优良特性特征的目的，同时又可以使这些优良特征特性在个体中得到结合。

1. 品系建立的方法和步骤

（1）创造和选择系祖　建立品系的首要问题是培育和选择系祖，有了系祖才能建系。系祖必须是卓越的种公牛，它不仅本身表现要好，而且能将其本身的优良特征和特性遗传给后代。否则，特征特性不突出尤其是遗传性能不稳定的公牛，当与同质母牛选配时，所产生的后代就不一定都具有品系的特征特性。因此当牛群中尚未发现具备系祖特性的公牛时，就不应急于建系，应该从积极创造和培育系祖着手。培育系祖时，可以从种子母牛群或核心群中挑选符合品系要求的母牛若干头，与较理想的种公牛进行选配，将所生公犊通过培育和后代测定，最优者方可作为系祖来建立品系。为了避免系祖后代中可能出现的遗传性能不稳定，在创造和培育系祖过程中，可适当采取近交选配，以巩固遗传性能。但是为了防止由于近交而出现后代生活力降低及某些不良基因结合而出现遗传缺陷，应避免父女或母子交配，近交系数一般不宜超过 12.5%。

（2）认真挑选品系的基础母牛　有了优秀的系祖公牛，其便可与同质的母牛进行个体选配，与之交配的同质母牛要严格挑选，符合品系要求的母牛才能与系祖公牛交配。这些基础母牛要有相当的数量，一般建系之初的品系基础母牛群至少要有 10 050 头成年母牛。供建系用的基础母牛头数越多，就越能发挥优秀种公牛的作用，特别是在应用冷冻精液配种的情况下，一个品系的基础母牛头数更应大大增加。

（3）选育系祖的继承者　为了保持已建品系，必须积极培育系祖的继承者。一般情况下品系的继承者都是系祖公牛的后代。培育系祖继承者也必须按照培育系祖公牛的要求，通过后代测定选出卓越的种公牛。由于牛的世代间隔较长，因此在建立品系以后，就要及早注意培育和选留品系公牛的继承者。一般一个品系延续到 3 代以后就逐渐消失。如果这个品系没有存在的必要，便无须考虑品系的延续问题。若是特别有价值的品系需要保留时，则应采取以下方法：一是继续延续已建品系，方法是选留与原系祖有亲缘关系较多的后代公牛作为品系的继承者；二是重新建立相应的新品系，即重新培育系祖。

2. 品系的结合　品系的建立增加了品种内部的差异，使牛群内的丰富遗传特性得以保持。建立品系的最终目的是品系的结合（即品系间的杂交）。品系的结合可利用品系间的互补遗传差异增强品种的同一性，使品种内的个体更能表现出较全面的优良特征特性，达到提高牛群质量的目的。品系的建立和品系的结合是品系繁育的两个阶段，在育种过程中，这两个阶段可以循环往复，使品种不断得以改进和提高。

3. 常见的几种品系类别　由一种性能突出的种公牛而发展起来的品系也称为单系。另外，由于建系方法、目的的侧重点不同，还有下列几种品系类型：

（1）近交系　近交系是连续的同胞间交配而发展起来的一组牛群。

（2）群系　由具有相似的优良性状的牛先组成基础群，而对是否为同胞或近亲个体不加考虑。然后实行群内闭锁繁育方式，巩固和扩大具有该优良特征特性的群体。也有人将此种建系法称为群体继代法，所发展的品系牛群体就称为群系。

（3）专门化品系　在某一方面具有特殊性能，并且为供专门与别的特定品系杂交的品系，称作专门化品系。

（4）地方品系　在分布较广泛、牛数量较多的品种中，往往由于各地自然地理条件、饲料种类和管理方式不同以及地区性的选择标准的差异而形成品种内的不同地方类群，称为地方品系。

4. 综合系的建立　综合系也称合成系。加拿大的 R. T. Berg 博士自 1922年以来就着力进行培育肉牛综合系的试验研究，并建立了世界上第一个肉牛综合系。近几十年来，该综合系的牛在肉牛成绩试验中一直名列前茅。大群中（每年约 500 头公牛）断奶后至宰前（约 15 月龄）的平均日增重保持在 1.5 kg以上，最高达 2.3 kg。这样的大数量、高增重并保持较长时期的成绩实属罕见。

（1）遗传学基础　建立综合系的遗传学依据是基因的互补效应、自由组合定律和基因杂合效应。其育种原则是：肉牛经济性状选择、尽力缩短世代间隔以加快遗传进展。群体内不设"理想型"，无所谓"理想横交"，但到一定发展阶段实行相对"闭锁"的方法。

（2）建系方法　主要包括三个阶段：首先根据当地生态条件，并对市场调查分析，拟定吸收什么样的纯种牛品种，一般选用 4～5 个纯种牛品种；然后再有目的地组织这些牛品种间的交配组合，采用多种方式、多个品种的杂交方法，建立基础牛群；最后根据需要和杂种表现，到一定时期进行"封闭"群体，停止引入原用的纯种公牛，系内公牛选择只考虑 2～3 个重要的经济性状，而对母牛仅考虑相应的性状，其他性状（如毛色等）不予考虑。

（3）优点　综合系牛表现出三大优点，即生产力高、遗传变异幅度大、后代整齐度（主要经济性状）好。建立综合系是顺应肉牛业发展之需，该系本身既是生产架子牛以供育肥的群体，又是生产具有专门化肉牛性状以改良其他品种（品系）种公牛的供应者。

（五）顶交和远交

顶交的含义是用近交公牛与无血缘关系的母牛交配，目的是防止近交衰退现象，提高下一代牛群的生产性能、适应性和繁殖效率。顶交还可在同一品种内出现杂种优势，因此可得到良好的效果。远交是指无血缘关系或血缘关系很远的个体之间的选配。远交的优点是可以避免近交衰退现象，牛群中很少出现生产性能和生活力极端不良的个体，也使一些隐性的有害基因得以掩盖而不起作用。远交也是亲缘育种中有计划地进行血液更新的一种方法，必须选用同品种、同类型而又无血缘关系的公牛，以免引起品种混杂。应该注意的是在远交牛群中生产性状的改进和提高较慢，也很少出现极优秀的个体，而且优良性状也不易固定。

第四节　南阳牛性能测定

为了加快南阳肉牛新品种培育进程，规范肉牛性能测定技术，根据《肉牛生产性能测定技术规范》要求，特制定公种牛性能测定实施方案。

一、实施单位

南阳黄牛科技中心、南阳市黄牛良种繁育场、新野县畜牧局。

二、测定目标

皮南牛 2 000 头，德南牛 100 头；皮南牛在社会群体和育种场测定，德南牛在育种场测定。

三、换算公式

（一）综合评定指数

在有新的鉴定方法之前，仍采用外貌、体尺和体重三项指标进行鉴定。外貌直接评分，体尺和体重先进行等级鉴定，后折算评分，计算综合评定指数（I）。

$$I = 0.3W_1 + 0.3W_2 + 0.4W_3$$

式中，W_1 为外貌评分；W_2 为体尺评分；W_3 为体重评分。

其中加权系数 b 为：外貌（b_1）=0.3，体尺（b_2）=0.3，体重（b_3）=0.4。

（二）相对育种值

同期同龄比较法：根据综合评定指数定为特级、一级的后备公牛（18 月龄左右），在 2 个月内，随机配孕母牛 50 头，待其后代出生，按 1 岁校正体重计算其相对育种值。

四、管理措施

（1）建立一支相对稳定、技术过硬的工作团队（小组），对肉牛的社会良种登记和种牛性能测定工作进行持续的追踪和数据监控，探索一套不断更新、不断完善的种牛选择方法。

（2）建立专门的种牛性能测定站，对入站的后备公牛进行严格的管理和测定，特别是对各阶段体尺体重数据要严格执行测量标准，规范数据记录，不少测、不漏测，确保数据完整和准确。

（3）统一建立肉牛良种登记和种牛性能测定数据库，方便数据检索和数据追溯。

附件：生产性能测定数据记录样表（表 3-1 至表 3-3）。

表 3-1　种牛系谱登记表

牛号	登记号	品种	出生日期
出生地		现所属单位	
系谱			
亲代信息	登记号	出生日期	备注
曾祖父			
祖父			
曾祖母			
父亲			
祖母父亲			
祖母			
祖母母亲			
曾外祖父			
外祖父			
曾外祖母			
母亲			
外祖母父亲			
外祖母			
外祖母母亲			

表 3-2　生长发育记录表

品种：　　牛号：　　出生日期：　　断奶日期：

发育阶段	体重（kg）	体重测定日期	体尺（cm）							体尺测定日期	记录员
			体高	十字部高	体斜长	胸围	腹围	管围	睾丸围		
初生											
断奶											
12 月龄											
18 月龄											
24 月龄											

表3-3 超声波测定记录表

种公牛站（种牛场）：_____

牛号	月龄	背膘厚（cm）	眼肌面积（cm²）	测定日期

记录员：_____

第四章
南阳牛品种繁育

第一节 公牛生殖器官的解剖及功能

公牛生殖系统由睾丸、附睾、输精管、精索、阴囊、副性腺、阴茎、包皮和尿生殖道所组成，见图 4-1。

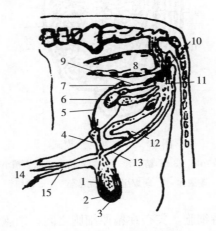

图 4-1 公牛生殖器官模式

1. 睾丸 2. 附睾 3. 阴囊 4. 总鞘膜 5. 输精管 6. 膀胱 7. 精囊腺 8. 直肠 9. 前列腺

10. 尿道球腺 11. 坐骨海绵体肌 12. 阴茎S状弯曲 13. 阴茎 14. 龟头 15. 包皮

一、睾丸

睾丸的功能有两个：一是精子产生和发育的地方；二是分泌雄性激素（睾酮），促进第二特征和副性腺的发育。睾丸呈卵圆形，1对，包于阴囊内，长轴垂直，睾丸头向上，附睾在后方，附睾尾在腹侧，见图4-2。睾丸外面被有致密结缔膜，称白膜。白膜伸入睾丸中形成睾丸的纵隔，睾丸纵隔发出辐射排列的结缔组织白膜，把睾丸分为许多圆锥形睾丸小叶，每个小叶中含有3～4根迂曲的曲精小管，这些曲精小管到睾丸纵隔时彼此吻合变直，成直精小管，直精小管穿入睾丸纵隔的结缔组织内，形成弯曲的导管网称睾丸网，直精小管和睾丸网没有产生精子的作用，仅是导管。这些输出管在睾丸上部进入附睾。曲精小管是产生精子的地方。其管壁是由基膜和排列在基膜上的生精细胞和足细胞所构成。

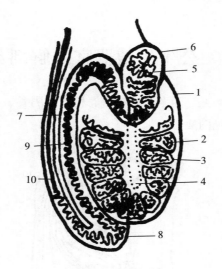

图4-2　睾丸构造模式

1. 白膜　2. 睾丸小叶　3. 曲精小管　4. 睾丸纵隔　5. 直精小管　6. 附睾头
7. 附睾体　8. 附睾尾　9. 附睾管　10. 输精管

　　足细胞是一种支持细胞，夹杂在精原细胞之间，细胞大而细长，其远端突入管腔中，常有未成熟的精子附着，足细胞对精子起营养和支持作用。

　　生精细胞位于足细胞之间，由外围向中心排列3～7层，包括精原细胞、初级精母细胞、次级精母细胞、精细胞和精子。精原细胞位于基膜上，细胞圆，经几次分裂后体积变大，成为初级精母细胞。初级精母细胞体积较小，与精原细胞大小几乎相等，其存在时间较短，不经长大即分裂成2个精子细胞；精子细胞位于曲精小管的中心处，细胞圆，体积最小，排列成数层；精子细胞经复杂的变化之后，形成精子。曲精小管之间有间质细胞，能分泌雄性激素。

二、附睾

附睾是由睾丸输出管和附睾管形成的，其长度成年公牛为 36.6 m 以上，外面有被膜包围着。附睾在外形上也分头、体、尾三部分，附睾头由睾丸网伸出的 13 条输出管形成，输出管集合成一条弯曲的附睾管，在睾丸的后缘形成附睾体和附睾尾，末端连接输精管。附睾的生理功能主要有以下几方面：

1. 附睾是精子最后成熟的地方　睾丸曲精小管产生的精子刚进附睾头时，颈部常有原生质滴存在，此形态尚未发育完成，此时其活力微弱，没有受精能力或受精能力很低。精子通过附睾过程中，原生质滴向尾部末端移行，附睾管分泌的磷脂质和蛋白质覆于精子的表面形成脂蛋白膜，将精子包被起来，它在一定程度上能防止精子膨胀，也能抵抗外界环境对精子产生的不良影响。精子通过附睾时获得负电荷，负电荷可以防止精子彼此凝集，这是维持精子正常生活所必需的。

2. 贮存精子　附睾内的 pH 为弱酸性（6.2～6.8），可抑制精子的活动。附睾管内的渗透压高，精子在发生原生质滴移行的同时发生脱水现象，这种现象导致精子缺乏活动所需要的最低限度水分，故不能运动。附睾的温度也较低，比睾丸低 3～4 ℃，这些因素可使精子处于休眠状态，减少了能量消耗，从而为精子贮存创造了有利条件。在附睾内贮存的精子经 60 d 后仍具有受精能力，但如贮存过久，则精子活力降低，畸形率和死亡率增加，最后死亡被吸收。

3. 运输作用　精子在附睾内不能主动运动，精子在附睾内的移动是靠纤毛上皮的活动及附睾管壁平滑肌蠕动作用。经放射性同位素检验，公牛精子通过附睾的时间为 30 d，故需严格控制射精的频率，并且不同牛之间略有差异。

4. 浓缩作用　吸收作用为附睾头及附睾体的一个重要机能。来自睾丸的稀薄精子悬浮液通过附睾管时，其中的水分被上皮细胞吸收，因而达附睾尾时就成为极浓的精子悬浮液。

5. 营养作用　附睾输出管液有大量的葡萄糖及少量乳酸，供精子氧化代谢需要，此外高浓度的谷氨酸及脂肪也是合成精子所必需的。

三、输精管和精索

输精管起自附睾管，沿精索后部上行，经腹股沟管进入腹腔，在鞘环处与精索分开，向后内侧入骨盆腔，开口于尿生殖道起始部背侧的精阜上，管壁内有腺体。

精索呈扁平的圆锥体，颈部附着在睾丸和附睾上，顶端朝向腹股沟管，由血管、神经、输精管等组成。

输精管和精索功能有 3 个：①向外运送精子；②管道能分泌少量对精子有保护作用的物质；③如长期不排精，衰老的精子在此处被吸收。

四、阴囊

阴囊是一个存放睾丸的囊，其功能为保护睾丸、调节睾丸温度。位于股部之间，呈卵圆形，左右常不对称，由下列几层构成：皮肤及皮下组织形成阴囊；肌肉形成睾外提肌；浆膜形成睾丸总鞘膜。

阴囊皮肤薄而有弹性，富有汗腺和皮脂腺，皮肤内面的筋膜称肉膜，其中含有平滑肌，平滑肌收缩时阴囊就形成皱褶，由肉膜将阴囊分为左右两半，总鞘膜由腹膜伸延而来，包在睾丸和附睾白膜的外面。睾丸和附睾外面被的白膜，即固有鞘膜，亦由腹膜伸延而来。总鞘膜和固有鞘膜之间的空隙称鞘腔，相当于腹腔的一个突出部分。总鞘膜的后外侧有睾外提肌，在收缩时可将睾丸和附睾向腹股沟管和腹腔提升。

在胚胎期间，睾丸位于腹腔内，一般犊牛出生时睾丸已完成由腹腔下降至阴囊的过程。睾丸有时可暂时回到腹股沟管或腹腔内，有的个体的睾丸一个或两个终生停留在腹股沟管或腹腔内，这种现象称隐睾，隐睾不能产生精子。

五、副性腺

副性腺包括 3 种：①精囊腺是一对具有明显的分叶腺体，长 10～12 cm，表面有许多小叶，位于尿生殖道起始部的背侧，其输出管和输精管共同开口于精阜上。②前列腺，牛不发达，很薄，着生于尿生殖道起始部的管壁上，有许多排出管，开口在精阜的两侧。③尿道球腺有 2 个，位于尿生殖道骨盆部的末端，腺体呈卵圆形，排出管开口于尿道背侧精阜的后方。

以上 3 种副性腺分泌物按一定顺序排出：尿道球腺分泌（精子）—前列腺分泌—精囊腺分泌。副性腺功能有：①冲洗尿生殖道的残留尿液，使通过的精子不致受到危害。②附睾中排出来的精子与副性腺液混合后即被稀释了，它供给精子营养物质，精子内某些营养物质是在与副性腺液混合后才能获得的。如附睾中的精子体内没有果糖，当精子与精清（特别是精囊腺液）混合时，果糖即很快地扩散入精子细胞内。③活化精子，改变休眠状态。副性腺液的 pH 一般为偏碱性，并在一定程度上可以吸收精子排出的二氧化碳，减少酸度，增强精子的运动能力。④运送精子、射精。主要借助于附睾管、副性腺壁平滑肌及尿生殖道肌肉的收缩将精子与精清混合，然后排出体外，进入母畜生殖道内的受精部位。⑤缓冲不良环境对精子的危害。精清中含有柠檬酸盐及磷酸盐等缓冲物质，以保持精液的 pH，保证精子存活及受精能力。

六、尿生殖道

尿生殖道是排尿和排精液的管道，分两部分：一部分是骨盆部，起自膀胱颈到坐骨弓，长约 12 cm，其紧贴骨盆底壁、直肠的腹侧，管壁上有输精管和副性腺的开口；另一部分是阴茎部，位于阴茎海绵体腹侧的尿道沟内，末端呈缝隙状，开口于尿道突上。尿道外面有肌肉，尿道肌收缩压迫尿道和尿道球腺，以促进排尿及排精。

七、阴茎和包皮

阴茎是交配器官，自坐骨结节经左右大腿间向前伸至腹壁的前部，阴茎由根、体、头三部分构成。

以阴茎根脚起自坐骨结节，二脚合成阴茎根。阴茎体：起始于阴茎脚的联合处，占阴茎的大部分，阴茎外面有白膜，白膜伸入体内形成小梁，为阴茎海绵体的支架，支架的间隙称勃起组织，勃起组织由海绵样结缔组织构成，海绵样组织的腔隙可视为膨大的毛细血管。腔壁主要是一层内皮细胞，直接与阴茎动静脉相连，当腔内充满血液时引起勃起，静止时腔呈裂隙状。在阴茎海绵体的腹侧，有一纵行的尿道沟，以容纳尿道。尿道的周围有尿道海绵体。阴茎头：尖而扭曲，尿道外口开口于其腹侧的螺旋沟中。

牛的阴茎较细，呈圆柱状，在阴囊根部后方形成"乙"状弯曲，勃起时伸直。

包皮为保护阴茎的器官，包在阴茎外面，由皮肤折转而成，外形窄而长，周围有长毛。

第二节　母牛生殖器官的解剖及功能

母牛生殖系统由卵巢、输卵管、子宫、阴道、尿生殖前庭和阴门所构成（图4-3）。

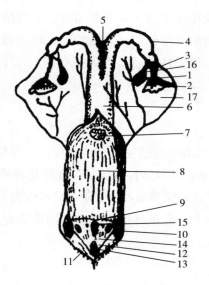

图4-3　母牛的生殖器官模式

1. 卵巢　2. 输卵管伞　3. 输卵管　4. 子宫角　5. 角间沟　6. 子宫体　7. 子宫颈阴道部

8. 阴道　9. 阴道瓣膜　10. 前庭大腺　11. 下联合（阴唇）　12. 前庭小腺

13. 阴蒂（阴核）　14. 前庭　15. 尿道口　16. 卵巢韧带　17. 子宫阔韧带

一、卵巢

卵巢是雌性生殖系统的主要器官，是卵细胞产生、发育和排出的地方，此外能分泌雌性激素。

卵巢呈卵圆形，长2.5～3 cm，宽1.5～2 cm，厚1～1.5 cm，重10～20 g，位于骨盆前侧缘，距阴门40～50 cm处。

卵巢的腹侧缘呈游离缘，其表面任何一处均可排卵，背侧缘凸，该部韧带称卵巢系膜，血管和神经从此系膜入卵巢中，卵巢的前端与输卵管伞相接触，后端供卵巢固有韧带附着于子宫角。

卵巢可分为皮质和髓质两部分。卵巢髓质由不规则排列的纤维——弹性结缔组织和从卵巢门进入的神经及血管系统构成。卵巢皮质含有卵泡、卵泡的前身和终末产物，而且它是形成卵子并产生激素的地方。在外层，表面被以一层扁平细胞的生殖上皮，生殖上皮的深面有致密结缔组织构成的白膜，皮质内的结缔组织称为基质，基质内有处在不同发育阶段的卵泡，靠表层的小而多，为初级卵泡，深层往髓质方向逐渐变大，为生长卵泡，成熟卵细胞又复回至表面，以待排卵。

二、输卵管

输卵管位于卵巢和子宫角之间，为一层呈波浪弯曲的小管。牛的输卵管长 20 cm，其前端与卵巢接近，呈漏斗状，中央有一孔，称输卵管腹腔口。漏斗边缘不规则，称输卵管伞，其面积牛为 20～30 cm²。其末端向子宫角开口，管壁的上皮有纤毛。

输卵管功能是在排卵后输送卵子到输卵管上 1/3 处受精；把精子向卵巢方向运送；精子的获能作用，受精和胚胎卵裂都发生在输卵管里。精子运行到受精部位和受精卵运行到子宫是在纤毛及卵巢激素的共同作用下完成的。

三、子宫

子宫位于腹腔，前接输卵管，后方开口于阴道，以子宫阔韧带固定在第三、四腰椎到第四荐椎的腰肌腹面，分角、体、颈三部分。

1. 子宫角　子宫角借子宫阔韧带附着于腹腔下部，平均长度为 35～40 cm。子宫角的游离部向下前方弯曲，以后再转向上方，又稍向外前方伸延，形成一螺旋弯曲，呈绵羊角状。两角基部靠近构成一小沟，称为角间沟。黏膜上有四列突起的叶，称为子宫阜，可供胎盘子叶附着，子宫阜有 80～120 个。

2. 子宫体　子宫体呈圆筒状，长度仅 3～4 cm，但由于结缔组织和腹膜的遮盖，其外表看起来显得很长。

3. 子宫颈　长度约 10 cm，颈壁厚而坚实，颈管形成螺旋状，有 2～5 个轮状环。子宫颈通阴道的口称子宫颈外口，平时收缩很紧，即使发情时也不能容一指插入。

子宫功能有：一是胚胎着床生长发育的地方；二是子宫内膜有大量子宫腺（有 10 万个以上）分泌子宫乳，提供胎儿早期的营养；三是受精妊娠后，子宫

颈闭锁，分娩时，子宫颈张开，子宫肌收缩，胎儿娩出。

四、阴道

为交配器官的一部分，又为胎儿的产道，位于骨盆腔内，是由子宫颈外口到尿生殖前庭的一段管道，长 25～30 cm，管壁厚，黏膜呈淡粉红色或粉白色。

五、尿生殖前庭

尿生殖前庭是交配、排尿和分娩的通道，阴道瓣膜不明显或消失。在阴道和尿生殖前庭之间，以尿道的开口为分界，尿道开口下方有一盲囊，称尿道憩室。前庭两侧的黏膜上有前庭大腺的开口，底壁有前庭小腺的开口，前庭长10～14 cm。

前庭后部构成外生殖器官阴门，阴门两侧为阴唇。阴门裂的上联合圆、下联合窄而尖，外生许多细长的毛。下联合处的小凸起为阴蒂，是生殖器官的性欲感觉部分。

六、母牛生殖器官的动脉

母牛生殖器官的动脉主要有卵巢动脉（子宫前动脉）、子宫中动脉和子宫后动脉。

1. 卵巢动脉　卵巢动脉由第四腰椎处腹主动脉分出，沿系膜走向卵巢，在卵巢上方呈高度迂曲分几支进入卵巢髓质。在距卵巢起始部 6～10 cm 处，由卵巢动脉分出子宫前动脉，分支到输卵管和子宫角前部的内侧壁。

2. 子宫中动脉　子宫中动脉起始于髂内动脉，通过子宫阔韧带到子宫角，在距子宫角背缘约 10 cm 处分成前后两支，前支分布到子宫角中部，后支走向子宫角根部和子宫体。这条动脉是供给胎儿发育的一条主要动脉，因此在妊娠期为适应胎儿发育的需要，其逐渐变粗，血管壁内腔疏松，结缔组织逐渐增厚，管腔增大，通过的血液量增多，血液来不及流入子宫的微血管内。因此血液在管腔内发生震动，而产生流水感，成为一种特殊脉搏——妊娠脉搏，是妊娠诊断的重要依据。

3. 子宫后动脉　子宫后动脉由阴部内动脉分出，分布到子宫颈和阴道背壁。

第三节　南阳牛公牛的生殖生理

一、精子

（一）精子的产生

精子的生成过程可分为四个阶段：

第一阶段：精原细胞进行有丝分裂，先分裂成一个非活动的精原细胞，以保证精子生成的延续。同时分裂出另一个活动的精原细胞，此精原细胞经过数次分裂，最后生成16个初级精母细胞。

第二阶段：初级精母细胞进行减数分裂，染色体减半，成次级精母细胞。

第三阶段：次级精母细胞分裂成精子细胞。这样由一个初级精母细胞经过2次分裂，最后形成4个精子细胞。

第四阶段：精子细胞不再分裂，经过复杂的变形过程，最后形成精子。

一个原始的精原细胞经过上述四个阶段的变化，最后形成64个精子，这一过程称为精子发生周期，牛的精子发生周期为5~60 d。发育中的各种精细胞均位于睾丸曲精小管上皮内，只有形成的精子才脱离足细胞进入曲精小管内，再经过睾丸网、输出管进入附睾头、附睾尾，逐渐发育成熟。

非活动的精原细胞在15 d后以同样的方式开始分裂，所以这一过程无限期的反复发生。

关于精子产生的速度，大约每10 d产生一批精子。

（二）精子的形态与结构

成熟精子是高度特异化的浓缩细胞，它并不生产和分裂，主要有含有父系遗传物质的头和作为运动用的颈、尾三部分。尾部又分中段、主段和末端。各种家畜的正常精子大致相同，形似蝌蚪。

（三）精子的生化特性

精子的头部是扁平卵圆形，主要由一个核构成。核由与蛋白质相结合的DNA组成，其中主要的蛋白质为精蛋白和组蛋白。精子受精能力高低与DNA的含量有密切关系，受精能力低的精子比正常精子DNA的含量要少，无受精能力的精子则未见到 DNA。顶体中主要有黏多糖（半乳糖、甘露糖等），还有脂蛋白、酸性碱性磷酸酶和透明质酸酶，这些酶的活动及上述脂类的分布、分解对精子的受精能力有一定的影响。

（四）精子代谢

精子维持生命与活动需要一定的能量，其能量的来源主要通过两种方式，即呼吸作用和果糖酵解。精液中至少有 4 种物质能直接或间接被精子利用，并作为维持生命与活动的能源。这些物质就是果糖、山梨醇、甘油磷脂酸胆碱和缩醛磷脂，前 3 种是精子的成分，缩醛磷脂则存在于精子本身，这 4 种物质在有氧时均能被精子利用，无氧状态下只能分解果糖作为精子呼吸作用能量的来源。

精子在呼吸过程中能氧化糖，先是氧化存在于精清中的果糖、葡萄糖、甘露醇、乳糖、丙酮酸及山梨醇等。精子可以利用这些外源物质而获得能量，从而减少本身所贮藏的能量物质消耗。精子的呼吸和一般细胞的呼吸一样，在有氧而无果糖的情况下，精子呼吸主要是氧化其内源物质——脂类（磷脂），其氧化机制主要是通过三羧酸循环进行的。在有氧情况下，精子具有相当强的呼吸能力，精子的呼吸强度一般采用呼吸系数耗氧率表示，即每亿个精子在 37 ℃下每小时耗氧量的微升数，牛每亿个精子在 37 ℃时，每小时耗氧量为 22 μL。

影响精子呼吸作用的因素很多，如精液中代谢基质的含量、精液的温度及精子密度活力等。向精液中加入果糖、葡萄糖、甘露醇等可提高精液的耗氧量，初射出的精液耗氧量较高，2 h 则耗氧量降低 1 倍，以后逐渐减少，1 d 以后则呼吸强度变化很小。降低精液温度会同时降低精子的耗氧量；精子的呼吸也受 pH 的影响，过高和过低的 pH 均可降低精子的呼吸率，最适宜牛精子呼吸的 pH 为 6.9～7.0。精子进行旺盛的呼吸必然消耗大量的营养物质，这对精子生存不利，故在人工授精实践中，为了延长精子的存活时间，应尽量避免精子能量的消耗。可采取降低温度、减少与空气接触和提高酸度等办法，来延长精子的存活时间。

（五）精子的运动

1. 运动类型　主要有 3 种类型：

（1）直线运动　精子按直线向前移动，此类精子具有受精能力。

（2）旋转运动　精子沿一圆周做转圈运动，一般圆周直径不超过精子的长度，但也有较大者，说明精子活动已减弱。

（3）震摆运动　精子在原地颤动，一般不改变原位置，说明精子接近死亡。

2. 运动方式　精子前进运动的方式以头部以后（中段及尾）按固定平面一侧摆动，同时整个精子按体长轴呈逆时针方向旋转运动，其尾端摆动的轨道呈"∞"字状。根据对公牛精子的观察，在 37 ℃下，尾部摆动的频率约为每秒 9 次，而摆动一次精子前进 8.3 μm。由于精子头部的主体结构呈汤匙状，因此当精子尾部摆动时则向前推进精子，同时头部由于受液体的阻力而引起旋转，并产生自精子头部凹面的向心分力，故而保持了前进运动精子的直线轨道。

3. 运动的动力起源　精子运动的最初动力起源于精子的中段，这和精子的呼吸代谢机能是相一致的，因为精子中段在细胞学结构上为呼吸代谢的中心，所以头部从颈部与整体脱离的精子仍具有相当正常的呼吸能力，并能保持运动能力。当中段以后受到损伤时，精子就失去了运动能力。当精子运动异常时多半是由于头部形态异常（旋转运动）或中段摆动无力（振动运动）。

4. 运动速度　运动速度受精子射出后的时间、温度、向性等因素的影响。牛精子的运动速度为每秒前进 97～113 μm。

5. 运动的向性

（1）向流性　在静止的基液中，精子的运动无固定方向，而在流动的液体中，精子向逆流方向游动。

（2）向触性　当精液中有异物存在时，则精子有向异物边缘运动的趋势，在悬滴标本下，可看到精子围绕着精液中的上皮细胞或其他异物，头部向前钻，顶着异物移动。在检查精子活力时，还可以看到在精液层与空气层之间布满精子头部，而且很规则地向一个方向运动，这种现象是把空气层当作异物而表现出来的向触性，所以在人工授精时，应严格防止异物混入精液内。

（3）向化性　精子运动也有趋向某些化学物质的特性，这种向化性与受精作用有密切的关系，使精子对卵子有一定向性。

二、精液

（一）精液的形成

公畜射出的精液包括精子和精清两部分，精子由睾丸形成，贮存于附睾中，而精清则为各副性腺的分泌物，如附睾、精囊腺、前列腺和尿道球腺等。精液的组成比例因副性腺体的大小及其分泌能力的不同而有很大差别。公牛的精液主要生理指标：射精量平均 6 mL（2～10 mL），精子密度平均 10 亿个/mL（3 亿～20 亿个/mL），pH 为 6.4。

（二）精清的化学特性

精清的化学特性主要取决于精子能量及与精子存活有关的成分，精子本身的营养物质来源很少，主要依靠精清提供营养物质。精清含有以下物质：

1. 果糖　果糖为精子主要能量来源，精清果糖的主要来源是精囊腺和壶腹。当果糖经渗透作用进入精子后，产生果糖分解作用，提供精子运动所需要的能量并维持其活力。

2. 柠檬酸　柠檬酸来自精囊腺的分泌物。柠檬酸不被精子直接利用，但它对精子的生理作用却很大，尤其对精液的凝固及液化极为重要。精液中柠檬酸含量增高可防止或延迟精液凝固时间。柠檬酸与钠、钾等离子的化合物可保持精液的等渗压，同时是精液中重要的天然缓冲剂。

3. 甘油磷脂酸胆碱　甘油磷脂酸胆碱来源于附睾分泌物。其作用为精子能量来源之一，不过精子在附睾中并不能利用它，其在母畜生殖道内才可被利用，因为母畜生殖道中分泌的一种酶能分解甘油磷脂酸胆碱，从而释放出甘油或磷酸甘油，精子通过利用它们而获得能量。

4. 其他　还有肌醇、抗坏血酸、酶类等。

第四节　南阳牛公牛适配年龄及影响性欲的因素

一、性成熟及适配年龄

性成熟是从初情期起渐向体成熟过渡的个体发育阶段，即性成熟以初情期开始，把初情期包括在性成熟的初期内。初情期是指公牛第一次能够释放出精子的时期，但确定公牛的初情期要比母牛困难些。在生产实践中可根据个体和性腺发育的程度及有无成熟生殖细胞的产生来判定初情期或性成熟。公牛可以通过采精检查精液。

二、影响公牛性欲的因素

公牛性欲不仅受遗传因素影响，而且也受所在的环境和生理状况影响，与配种经验也有关系。

1. 遗传因素 在不同品种乃至个体间有很大差异，乳用品种的种公牛的性行为比肉用品种的种公牛活跃。对接受采精的训练，不同品种之间即有难易和早迟的不同。

2. 外界环境 季节和气候对公牛性行为有明显的影响，例如我国长城以北地区，群牧牛在春季的性活动比江南的舍饲牛要推迟 2 个月左右，主要是因气温相差悬殊，生活环境不同。同时，这种差异也是由于营养和光照等的影响，以致使垂体促性腺激素的生产和分泌发生季节性变化。炎热季节对性行为起着抑制作用，除非是在凉爽又无蚊虻烦扰的地方。

3. 配种前刺激 在交配前不久，感觉性刺激对配种很有利。几次的空爬跨不会引起性抑制，经过 5～10 min 和 2～3 次这样起落的徒劳爬跨反而能提高公牛的射精量和精液浓度，精子活力也良好，这样类似的刺激对繁殖力强的公牛特别有效。

配种前性刺激不但能提高射精的容量，提高精子密度和活力，而且能引起促黄体素的释放，随即提高血中睾酮的浓度。

第五节 母牛的发情生理及其鉴定

一、母牛发情周期的特点

(一) 初情期和配种年龄

青年母牛第一次表现出性行为的年龄称初情期，初情期出现的早晚因品种、个体、早熟性、营养状况及季节等不同。早熟品种初情期较早；饲以富含蛋白质、钙、磷的饲料及出生于温暖气候的母牛，其初情期略早。我国黄牛属晚熟品种，一般1～1.5岁才开始发情。

达到初情期的母牛生长发育还没有结束，生殖器官发育亦未完善，生殖机能尚不完备，所以还不能进行繁殖。如过早配种可能会出现：受精能力很差；受精后受精卵不能着床；胎儿发育不良或胚胎死亡；本身发育受阻，缺乏泌乳能力；不愿带犊牛，以致犊牛生长受阻，活重和体格发育不合乎要求，降低育种价值和经济价值。如果不适当延长交配年龄，则使幼母牛变得肥胖不易受孕，造成失配而降低繁殖率，在经济上则会由于繁殖延迟而增加饲料的消耗，减少犊牛、产奶等收入。

一般情况下，饲养在高水平下的青年母牛，适于在第二个发情期中进行配种，而中等水平者则适于第二个至第三个发情期中进行配种。就体重而言，青年母牛体重需达到成年时体重的65％～70％时才可以配种。其初配年龄为：早熟品种16～18月龄；中熟品种18～22月龄；晚熟品种22～27月龄；肉用品种适配年龄可在16～18月龄。

（二）发情季节

牛属于长年发情动物，在良好的饲养条件下，牛的性周期全年内都可出现，但在河南西部山区的黄牛，进入冬季因膘情较差常表现不发情，其发情集中在7—9月。

（三）发情周期

1. 发情周期的概念与特点　母牛从初情期开始直到繁殖能力停止期止，只要没有妊娠、哺乳（指早期）或患某些疾病，生殖器官和性活动总是发生有规律的周期性变化，这种变化称为发情周期。发情周期的计算通常是以上一次发情开始至下一次发情开始的间隔天数为依据。牛的发情周期平均是21d。牛的发情周期大多有个体的固定类型，即同一个体发情周期的长短是基本不变的。每次发情的持续时间称发情期或发情持续期。牛的发情期多为1～2d，超短者仅数小时。在饲养管理较好的情况下，母牛可常年发情，但以春、秋季为多；使役过重或饲养管理条件不良常导致母牛安静发情或不发情。

2. 发情周期的分期　在发情周期中，母牛的生殖器官和精神状态通常有着明显的阶段性变化，据此可将发情周期划分为四个阶段：

（1）发情前期　为发情准备阶段。卵巢上一次排卵形成的黄体逐渐退化、体积变小，新的卵泡开始发育。

（2）发情期　卵泡迅速发育，成熟后排卵。母牛表现出性兴奋，有性欲，接近公牛求配，食欲下降，生殖道黏膜充血，子宫颈松弛开张，外阴肿胀，有黏液流出。

（3）发情后期　性兴奋渐弱而至消失，外生殖器官逐渐恢复正常，排卵处开始形成黄体。

（4）休情期　亦称间情期，是对未妊娠母牛而言。此期为黄体活动期，由于孕酮的作用，卵巢上无卵泡发育，母牛也无发情表现；到本期末，子宫分泌的前列腺素引起黄体退化，于是移行为下一个发情周期的发情前期。如果配种后受胎，则排卵后直接进入妊娠期，间情期便不存在。

（四）发情持续时间与排卵时间

发情持续时间通常指从发情开始至外部症状消失为止所持续的时间，一般牛平均 19 h（3～30 h），河南省灵宝市对 1 227 头母牛的统计为 24.88 h（10～59 h）。若以发情开始至排卵时间计，平均 29.4 h（17～45 h），发情持续时间随年龄的增长有延长的倾向。据灵宝市统计为 35.53 h（19～82 h）。

排卵时间通常在发情表现终止后 10～11 h，据灵宝市统计为 10.66 h（3～33 h）。

多种因素与发情持续时间和排卵时间的关系：

1. 地区与发情持续时间的关系　发情持续时间因地区不同而有差异，山区气温较凉，母牛发情持续时间较平地丘陵区略长。具体见表 4-1。

表 4-1　平原与山区发情持续时间

地区	观察发情期次数（次）	发情开始至外部症状消失的时间（h）	外部症状消失至排卵的时间（h）	发情开始至排卵的时间（h）
平原	772	22.68	10.76	33.44
山区	455	29.13	12.7	41.83

2. 膘情与发情持续时间的关系　母牛饲养水平与发情持续时间关系很大，膘情较好其持续时间较短（表 4-2）。

表 4-2 母牛膘情与发情持续时间的关系

膘情	观察母牛头数（头）	发情开始至外部症状消失的时间（h）	外部症状消失至排卵的时间（h）	发情开始至排卵的时间（h）
中上等膘	32	20.1	9	29.1
中等膘	55	20.9	10.7	31.6
中下等膘	14	22.1	12.1	34.2

3. 不同类型母牛与发情持续时间的关系 在 125 头处女牛、经产牛和带犊母牛中，处女牛发情持续时间最长，带犊母牛由于膘情较好发情持续时间较短（表 4-3）。

表 4-3 不同类型母牛与发情持续时间的关系

母牛类型	统计头数（头）	发情开始至外部症状消失的时间（h）	外部症状消失至排卵的时间（h）	发情开始至排卵的时间（h）
处女牛	39	22.05	13.05	35.1
经产牛	55	20.4	11.6	32
带犊母牛	31	17.6	8.9	26.5

（五）左右侧卵巢出现排卵的比例

一般认为右侧卵巢较左侧卵巢出现排卵的比例平均高 16%，根据灵宝市对 2 047 头母牛的统计结果，右侧卵巢出现卵泡发育的占 61.9%，左侧卵巢占 39.1%。

（六）产后发情

产后发情指母畜分娩后经一定时间所出现的第一次发情。南阳地区黄牛大多数在产后 60～100 d 才开始发情，因此肉用牛和肉用杂种牛可在产后 60 d 进行配种。奶牛由于考虑到产奶量的情况，一般多采用 60 d 以后进行配种，以保证每年一犊。产后过早地妊娠，流产率往往较高。这与子宫感染有关。夏季产犊的母牛比冬季产犊者发情较快。另外，母牛年龄对产后发情间隔时间也有影响，1.5～2.5 岁的青年母牛最长；2.5～7 岁最短；7 岁以上又有延长的趋势。

（七）母牛的"月经"现象

有部分黄牛在发情后1～3 d发生"月经"现象，这种现象也可能发生在发情结束之前，奶牛发生"月经"现象较为普遍。"月经"来源于子宫内膜的动脉小管，是白细胞渗出和微血管破裂的结果。"月经"现象的发生与相应的发情期配种后受胎与否无关。在"月经"期配种的母牛受胎率可达20%～30%。

二、发情周期的内分泌调节作用

发情周期的发生受内因和外因的影响和控制。内因主要是神经系统和内分泌的作用；外因主要是环境（光照、温度、湿度）、饲料营养、公牛等。

丘脑下部是中枢神经系统的一部分，内外环境的各种变化首先通过感觉器官激发神经末梢释放神经介质，由神经末梢的突触将信号传递至丘脑下部，再由丘脑下部影响垂体的分泌，垂体前叶和丘脑下部之间无直接神经联系，但丘脑下部分泌多种释放因子，它们分别控制垂体前叶多种激素的分泌。释放因子通过丘脑下部和垂体前叶之间的门静脉进入垂体前叶，从而激发垂体前叶迅速而有效地分泌多种激素。

动物视网膜所接受的直射光线的总量可能是控制性周期的最重要的环境因素。此外饲料中维生素、矿物质和全价蛋白质的缺乏都可影响性周期。

性周期活动的调节不但可以借非条件反射的方式实现，也可以通过条件反射来实现。繁殖的季节性变化可以看作机体对生活条件发生的非条件反射与条件反射反应的综合。

母犊出生后，其卵巢开始产生初级卵泡，在生长发育过程中，垂体前叶分泌的促卵泡激素逐渐增多，促进卵泡继续发育并产生雌激素，促使生殖器官逐渐增长并发育完善。

到达性成熟时，卵巢内已有更大的卵泡，雌激素分泌更多，自然界的类固醇物质随饲料不断进入体内或在阳光照射下在体内形成，这些类固醇和外界因素（光线、温度、公牛等）共同对母牛大脑皮质的感觉中枢发生作用，使大脑皮质发生冲动传到丘脑下部，神经纤维分泌释放激素，这种释放激素通过丘脑下部-垂体门静脉循环系统直接进入脑垂体前叶的特异细胞，分泌大量的促卵泡激素，促使卵巢中的卵泡逐渐发育。

在卵泡发育及成熟的过程中，卵泡激素（雌激素）分泌量增多，使生殖系统充血并分泌很多黏液，母牛出现性欲。当卵泡激素分泌到一定剂量时负反馈于垂体前叶，使促卵泡激素分泌减少，促黄体素分泌增加。在促黄体素和一定剂量的促卵泡激素的共同作用下，发育的卵泡完成其成熟过程并排出卵子和形成黄体，正反馈又引起催乳素的分泌。

在催乳素和促黄体素的作用下，黄体分泌孕酮，孕酮对下丘脑及垂体产生负反馈作用，以降低其对促性腺激素的分泌。母畜此时不表现发情，孕酮作用于子宫内膜，以备受精卵的着床和发育。

如果卵未受精，黄体在排卵后 7～8 d 达全盛时期。孕酮分泌达到一定程度时通过反馈作用抑制垂体促黄体素的分泌，黄体随之萎缩，同时子宫内膜可产生前列腺素，通过子宫静脉直接渗透入其相邻的卵巢动脉而促使黄体消失，孕酮水平也因之降低，解除了对丘脑下部及垂体的抑制作用，于是促卵泡激素又开始增加，重新又占优势，母畜再次发情，又开始了一个新的发情周期。

如果卵已受精，在催乳素的作用下，黄体的功能期延长，使其继续产生足够量的孕酮来保护子宫内膜。这时受精卵发育成胚泡并植入子宫内膜，由它产生的促性腺激素激发黄体继续增长形成妊娠黄体。

三、发情时卵巢的变化

（一）卵泡发育

当母牛性成熟以后，在每次发情即将出现之前，卵巢皮质部生殖上皮细胞分裂，卵原细胞开始发育成初级卵泡，以后又发育成次级卵泡，再进而发育成为成熟卵泡。

1. 初级卵泡　初级卵泡起源于生殖上皮，生殖上皮细胞分裂后形成一个细胞团，这个细胞团以后与生殖上皮脱离进入基质中。细胞团中有一个较大的细胞即卵原细胞，这种细胞经过多次分裂体积增大从而成为初级卵母细胞，排列在初级卵母细胞周围的小细胞为卵泡细胞，它们共同构成初级卵泡。初级卵泡排列在皮质的外围，有不少初级卵泡在发育过程中退化消失。

2. 次级卵泡　次级卵泡为初级卵泡进一步发育的结果，卵细胞本身体积增大，此阶段卵泡细胞增生至数层，在卵细胞和卵泡细胞之间出现一层透明带，以后卵泡细胞继续增生并分泌出液体（卵泡液），使卵泡细胞出现不规则的空隙，以后液体增加腔隙增大，以致卵泡进一步扩大，外围的结缔组织形成了卵泡膜。

3. 成熟卵泡　次级卵泡继续生长扩大成为囊状的成熟卵泡突出卵巢表面，由于有卵泡液，触摸有波动感。成熟卵泡的卵泡膜分为卵泡内膜和卵泡外膜，卵泡内膜的内面为复层细胞的颗粒膜，它是由卵泡细胞形成的。包围卵细胞的卵泡细胞形成一丘状突起，称作卵丘。直接包围卵细胞的一层卵泡细胞为柱状细胞，呈放射状排列，因此称放射冠。卵巢含有多期卵泡，数目很多，牛生后3月龄共有卵泡 75 000 个，1.5～3 岁含有卵泡 21 000 个，10 岁以上含有 12 000 个。从以上数目来看，卵泡数目是很多的（主要是初级卵泡），但在发育过程中多数萎缩闭锁，很少数能达到成熟而排卵。

（二）卵子生成和排出

在胚胎阶段，卵巢皮质部的生殖上皮便形成卵原细胞，以后生长发育为初级卵母细胞。从胚胎期到母牛性成熟时一直处于初级卵母细胞阶段，由于性成熟和受脑垂体前叶分泌促卵泡激素的作用，等到卵泡成熟排卵前初级卵母细胞完成第一次减数分裂，分为两个大小不等的细胞，其中容纳大部分细胞质的细胞为次级卵母细胞，较小的那个细胞为第一极体。每个细胞均获得初级卵母细胞染色体数量的一半，后第一极体又发生分裂形成两个不发育的小细胞。次级卵母细胞在排卵后，在输卵管壶腹部进行第二次成熟分裂，分裂后形成一个成熟的卵细胞（卵子）和另一个极体（称为第二极体）。

单胎动物（牛、马等）每次发情仅有一个卵子排出，多胎动物（猪、兔等）每次排卵数个甚至数十个。排卵是在垂体前叶激素作用下进行的，由于卵泡液不断增加，成熟卵泡继续扩大因而突出卵巢表面，突出部分的组织变薄，同时颗粒逐渐分离，由于卵泡内压增加的结果，卵泡破裂，卵细胞带着周围的放射冠和卵泡液一起排出，被输卵管伞部吸着，由伞的纤毛细胞将卵子推移到输卵管中。牛在性成熟时，其卵巢即可以排卵。

卵巢排卵后，在破裂处发生出血现象，血液几乎充满卵泡腔（红体），随后血液逐渐被吸收，颗粒膜和卵泡内膜的细胞开始强烈增生形成黄体。

四、母牛的发情鉴定

对母牛进行发情鉴定，可以判断其发情是否正常以及所处的发情阶段，这对于确定配种时期、防止失配或误配以及及时发现繁殖障碍都是非常重要的。

发情鉴定的依据是母牛发情时的外部和内部的特征性生理变化。

（一）发情母牛的生理特征

在生殖激素的作用下，母牛发情时精神状态和生殖器官便发生一系列与未发情时明显不同的特征性变化。这些变化有的表现在外部，可以直接观察到；有的则是内部变化，只有通过特殊检查才能感知。这些变化都因发情阶段的不同而有其自然的消长规律。

1. 精神状态　发情母牛常表现兴奋不安、哞叫、食欲减退或废绝，产奶量下降，对周围环境刺激反应敏感，喜接近公牛或接受爬跨，有的则爬跨其他母牛。这些表现在整个发情期中先由弱变强，至盛期过后逐渐减弱直至消失。安静发情的母牛无明显的精神状态变化。

2. 生殖器官　在发情期间，母牛的生殖器官所发生的变化最大，但这些变化有的是可见的外部变化，有的是不能看到的内部变化。

（1）卵巢上一个发情期形成的黄体退化变性，体积显著变小；因有卵泡发育，卵巢体积由小变大，质地由硬变软；卵泡初为一软化点，后来部分地突出于卵巢表面，卵泡壁随卵泡液增多而变薄最后破裂排卵。发育到一定阶段的卵泡分泌出雌激素，它使母牛的精神状态和生殖道发生发情期特有的变化。排卵后，原卵泡着生处成一凹陷，数小时内被血凝块积聚充满，后渐形成黄体。黄体分泌孕酮（也称黄体酮），这是一种具有保胎作用的激素。排卵后 4 d 以内的黄体称新生黄体，无分泌功能。

（2）输卵管管腔黏膜上皮细胞增生，分泌物增多，至黄体期恢复正常。

（3）子宫内膜上皮受雌激素作用而增厚、充血、肿胀，分泌量增加，运动机能增强。

（4）子宫颈阴道部变松弛，呈多瓣辐射状，位于中央的颈口略开，有分泌物流出；颈管分泌物增多、变稀，略呈酸性（与空气接触则变碱性），当颈口收缩变紧、分泌物量少而稠时表明发情已结束。

（5）阴道松弛、充血。发情早期黏液增多变稀，呈弱酸性；盛期黏液量大、透明，呈粗玻璃棒状流出，牵缕性强，拉之成丝，呈弱碱性反应；至发情后期黏液减少，且混有乳白色分泌物而呈半透明状态，黏性也变差。

（6）发情盛期，阴门红肿、松弛，有黏液流出；阴蒂充血，有勃起反应。发情后期，外阴红肿渐退，出现细小皱纹。

（二）母牛发情鉴定的常用方法

母牛的发情鉴定方法较多，但因其发情期较短，外部表现明显，故常用的方法有外部观察法、试情法，必要时也可进行阴道检查或直肠检查。

1. 外部观察法　这是根据母牛发情时精神状态及外阴部的变化来判断其发情状态的鉴定方法。

2. 试情法　利用公牛或结扎输精管的公牛对母牛进行试情，根据后者在性欲上对前者的反应情况来判定其发情状态。试情要定期进行，以便掌握母牛的性欲变化情况。试情公牛应选用体质健壮、性欲旺盛、无恶癖者。此法也常与阴道检查（了解阴道的特征性变化）结合使用；后者可供参考，一般不单独使用。

3. 直肠检查法　此法能比较准确地判断卵泡发育的情况，尤适用于因营养不良、使役过重、生殖机能衰退而排卵无规律或安静发情的母牛。方法是检查者将指甲剪短、磨光，手臂上涂以肥皂或油类润滑剂后伸入母牛直肠内一定深度，排净宿粪，先摸到位于耻骨前缘后方的骨盆腔底壁上的子宫颈（呈短棒状，稍硬实，后端略粗），然后以拇、中指分别夹住子宫颈左右侧，食指平贴在子宫颈正上方，三指同时向前滑动，食指会感到摸到一条前后走向的沟，此沟称角间沟，它的两侧分别为左、右子宫角的基部。除拇指外的其余四指并拢，连同掌心一起沿一侧子宫角继续滑动，就可在绵羊角状的子宫角末端处触到卵巢（位置一般在子宫颈前侧方不远处，略偏下）。然后，拇指和并拢的其余四指相对，隔着肠壁以手指轻轻触摸卵巢，以了解其上有无卵泡以及卵泡的发育情况。操作时，手法要轻缓，以免损伤肠壁或挤破卵泡；同时还应触诊子宫，以了解有无异常或有无病理变化。

母牛发育成熟的卵泡直径一般为 0.8～5 cm，发育过程大致可分为四期：

第一期为卵泡出现期，卵巢有所增大，表面有一软化点（早期卵泡），波动不明显，但大多数母牛也有发情表现。此期持续约 10 h。

第二期为卵泡发育期，卵泡逐渐增大，直径可达 1.5 cm，呈半球状突出于卵巢表面，波动明显；至此期后半期母牛的发情表现多减弱或消失。此期持续 10～12 h。

第三期为卵泡成熟期，维持 6～8 h。此期卵泡不再增大，但卵泡壁变薄、紧张性增强，有一触即破之感。

第四期为排卵期，卵泡破裂，卵子随流失的卵泡液排出而为输卵管伞（喇叭口）所受纳，原卵泡处出现一凹陷。排卵发生于发情"结束"（指性欲消失）后 10～15 h；再停 8 h 黄体便开始形成，此间凹陷内为柔软的血凝块。

第六节　南阳牛人工授精的关键技术

一、人工授精的意义

人工授精就是用人工方法把公牛的精液采出并经适当处理后分别输送到发情母牛的生殖道内而使之受胎的一种繁殖技术。牛的人工授精有以下优越性：

1. 可以扩大优良种公牛的配种效果　一头种公牛在自然交配下一次交配仅可配种一头母牛，而采用人工授精，一次所取得的精液经过稀释处理后可供给 20～30 头母牛配种，如将精液稀释后经过冷冻可给 200～300 头母牛配种。这样可以大大地扩大种公牛尤其是优良种公牛的配种效率，加快改良本地黄牛。人工授精由于提高了配种效率，可以淘汰不合格或质量较差的公牛，减少种公牛的头数，降低饲养费用和人工、基建费用。

2. 可以提高母牛的受胎率　如果母牛生殖器官患有阴道炎、子宫颈炎及子宫颈口不正、子宫颈口过紧，在自然交配下往往很难受精。而采用人工授精可以将精液直接输入母牛子宫颈口内甚至更深，使精子较容易地与卵子结合，同时，由于能准确掌握发情状态及卵泡发育的过程，可以进行适时配种，这又可以提高受胎率。

3. 可以预防生殖器官传染病和寄生虫病的感染　在自然交配情况下，母牛的一些传染病如布鲁氏菌病、滴虫病、传染性阴道炎等，容易通过公牛而传给其他被交配的母牛，采用人工授精的方法则可以避免。

4. 可以经常做精液品质的检查　在自然交配情况下，对于公牛精液品质好坏、能否用作配种，人们是无法判断的，但采用人工授精便可以经常做精液品质的检查，判断精液品质的优劣，以便分析原因，及时对种公牛采取加强饲养管理等措施，提高其精液质量，以便配种。

5. 不同国家、地区的公母牛可以配种　采取人工授精可以在一定条件下通过输送精液的方法给异国、异地母牛配种，不受国家地区远近的限制；还可以克服在本交情况下，因公母牛体格差距过大、畜种间差异而不易配种的缺点。

二、采精

采精是人工授精的第一个技术环节，牛的采精采用假阴道法，有关事项与操作方法如下：

1. 采精场地的准备　牛的采精应有固定的场所，最好建一采精室，内设采精架，采精时将台牛保定在架内。采精场所应宽敞、清洁，地面平坦而不滑，环境要安静。台牛可用发情旺盛的母牛或假台牛，甚至经过调教的公牛也可充当。

2. 假阴道的准备　假阴道由硬橡胶外壳、柔软橡胶内胎和带夹层玻璃集精杯组成，筒状结构，用前组装。准备好的假阴道应具有适宜温度、压力和润滑度，以适应公牛射精需要。组装时先将完好干净内胎穿入外壳中，两端翻套在外壳上用胶圈固定；内胎松紧应适当、不扭曲，从外壳中部小孔充气后，从端部看其横断面应呈均匀 Y 形。内胎内表面以 70%～75%酒精彻底消毒后充分晾干，装上无菌集精杯，一起以灭菌稀释液冲洗 2 遍；经外壳中部小孔灌注温水后涂以灭菌凡士林（深度为假阴道全长 1/2～2/3），继而充气即可。公牛对假阴道的温度很敏感，温度不适则不射精，假阴道使用温度通常为 39℃。气温低时，集精杯夹层里可加温水保温，以免精子遭受低温打击。安装好的假阴道暂不用时应横放于小木架上，集精杯端应略高些，上覆以无菌纱布或毛巾，切不可竖立于台面上，以免损伤内胎端缘。

3. 种公牛的性准备　为了采得精子密度大、活力好的优质精液，采精前有必要对公牛的性欲加强刺激，使之有充分的性准备。常用的方法有：

（1）令其空爬跨　待公牛爬跨到台牛背上而阴茎尚未充分勃起时把它强拉下来，一般 1～2 次。

（2）让公牛接近台牛，但不使其立即爬跨而等待数分钟。

（3）另牵一头公牛来空爬跨，让其在一定距离处观看，以激发其性欲。

（4）调换台牛，使之有新鲜感。

4. 采精方法　在公牛的性准备阶段，采精者应持假阴道进入采精场伺机采精。采精时，站立于台牛后躯右侧，面朝牛尾方向，右手持假阴道紧靠台牛尻部不使其离开牛体前后移动；但假阴道开口端略下倾，与公牛阴茎伸出方向成一直线。当公牛跃上台牛时，左手拇指与其余四指相对，在包皮口后上方，掌心向上托住包皮，迅速将阴茎导入假阴道内，绝不可以手直握阴茎，否则会

使其缩回。公牛阴茎插入后，便会用力向前一冲而射精，全程历时仅数秒钟，故操作要快而准确。公牛射精后，集精杯端要立即放低，让精液充分流入杯内。当公牛跳下时，假阴道随公牛后移，等阴茎自行脱出后，开口向上直立，立即送至精液处理室内，取下集精杯，以备镜检等处理。公牛可间隔数分钟连采两份精液。同一头公牛连采时，可不换假阴道和集精杯，但要擦去污物，并检查温度等是否合适。公牛的采精频率通常为一周 2～3 次，配种旺季可连采5～6 d，每天 1 次。

三、精液的处理

精液采出后应及时进行品质检查和稀释等处理。为使精子在体外条件下维持良好的品质，将精液置于适宜的环境中是非常重要的。

（一）外界因素对精子的影响

1. 温度　精子活动的最适温度为 37℃，能耐受的最高温度约为 45℃；精液不宜在室温以上存放，因温度越高，精子代谢活动越强，从而使能量消耗加快，寿命缩短。但刚采出的精液若急剧降温到 10℃，可造成精子冷休克而不可逆地丧失生活力，故应缓慢降温。精液按一定程序处理后在 -179℃（固体二氧化碳）和 -196℃（液态氮）中保存，牛精子的活力可保持 20 年以上。检查精子活力宜在 37℃进行。

2. 光线　精子易受紫外线、红外线等伤害，故应避免光线尤其是日光直射，要有遮光措施。

3. 渗透压　在理论上精子渗透压跟其所处环境的渗透压应一致。在高渗环境中，精子体内的水分会脱出，低渗时则吸水膨胀，通常低渗环境对精子的危害大。牛精子在相当于其本身渗透压 50%～150% 的溶液中可正常活动与生存，但以溶液渗透压略高些为宜。

4. pH　在溶液中，pH 等于 7.0 为中性，低于 7.0 呈酸性，高于 7.0 为碱性，精子在弱酸性环境中活动受到抑制，从而存活时间延长。

5. 空气　精子在与空气隔绝的情况下存活时间长，与空气接触则活动性增强。

6. 化学药品　所有的消毒剂及金属氧化物都对精子有害甚而致死。

7. 气味　强烈的刺激气味如煤烟、香烟气雾等均对精子有害。

8. 震动　震动可使精子受损伤，降低受精力。

9. 异物　可引起精子头部凝集而降低运动性和受精力。异物包括各种外来的杂质和气泡。

（二）精液品质检查

1. 一般性状检查

（1）射精量　将精液倒入无菌的刻度试管内读取量值，通常一次射精量为4 mL。

（2）颜色　牛精液为浓乳白色，乳白色越浓则表示精子密度越大。有时呈乳黄色，是含维生素所致，亦属正常。其他颜色均为异常，如发红（有血）、发绿（有脓）、发黄而量大（有尿液）等。

（3）云雾状　精子密度大时可看到因精子运动引起的精液翻滚现象，即云雾状。云雾状显著程度表明精子运动的活跃状态，极显著者记作"＋＋＋"，次之记"＋＋"，不明显者记为"＋"。

（4）气味　正常的牛精液无特殊气味或略腥。

（5）pH　常以比色计或 pH 试纸测之。新鲜的牛精液 pH 一般为 6.4～6.9，但可高至 7.8。通常精子密度大者 pH 低。

2. 显微镜常规检查

（1）精子活率　亦称精子活力。指在显微镜视野中呈直线前进运动的精子数占精子总数的比例。在视野中，100％的精子呈直线前进运动者评为"1.0"，90％做此种运动者评为"0.9"，80％做此种运动者评为"0.8"，依此类推。

若全部精子只作振动运动，则记作"摆"，而全部死亡者记作"死"。精子活力的检查，在稀释前后和经过保存的精液在输精前都要进行，并且要多看几个视野和不同液层的精子运动情况，求出平均活率作为该份精液的精子活力。适于输精的液状牛精液的精子活率应不低于 0.7，冷冻精液应在 0.3 以上。检查精子活力应保持显微镜环境温度为 37～38℃；温度过低时精子运动受到抑制，便不能客观地评定，但冷冻精液宜在解冻后立即观察（解冻后精子温度为3℃以下观察）并及早使用，不能等精液温度上升后再制片检查，否则活力虽提高而受精力却显著降低。显微镜检查时，将精液压片标本（于一载玻片上滴一滴精液，上覆一倾斜落下的盖玻片，勿使产生气泡）置于显微镜载物台上，以 400 倍放大为宜。

（2）精子密度检查方法

①精子计数法 操作基本同血细胞计数。牛精液的精子密度一般为每毫升88亿个。

②估测法 即在显微镜下观察压片标本，凡相邻精子间的距离（平均间距）等于一个精子长度者为"中"，小于此距为"密"，反之为"稀"，无精子时为"无"。一般来说牛的精子密度多为"密"，密度过低者不宜用于输精。

3. 定期检查项目

（1）精子的畸形率 指畸形精子数占精子总数的百分比，牛精液中一般不得超过18%，否则受胎率就会降低。畸形精子是指形态不正常的精子，大致可分为四类：头部畸形（大头、小头、双头、无头或顶体脱落），颈部畸形（颈部膨大、曲折、双颈、带有原生质滴），中段畸形（膨大、细狭、弯曲、双体、带有原生质滴），尾部畸形（弯曲、无尾、双尾、带有原生质滴）。精子颈部极脆弱，在精子发生过程中公牛患病或射出后受外力冲击均可使其颈部折断而头部脱落。原生质滴是附着在颈或尾部的球状细胞质小滴，凡带有这种小滴的精子均不成熟，且附着部位距头部越近者越幼稚。

精子形态的检查方法是：取一小滴精液滴于载玻片一端，用另一载玻片的一端接触精液滴，呈30°～45°平稳地向前一玻片的另一端拖去（精液在后），使其成均匀的精液抹片。抹片干燥后，用95%的酒精固定2～3 min，干燥后滴0.5%龙胆紫液或红、蓝墨水染色3 min，以流水轻缓冲洗掉多余的染料，干燥后置600倍以上显微镜下随机观察至少500个精子，计算出其中的畸形精子数，依下式计算出精子畸形率：精子畸形率＝畸形精子数/观察精子数×100%。

（2）精子的死活染色 鉴定原精液中死活精子的一种方法。其原理是活精子在某些染料中不着色，只有死精子才着色，尤以头部后方更易着色。据此可判定染色时的精子的死活情况。常用的方法是伊红-苯胺黑染色法。取一滴原精液置于载玻片一端，加入一滴5%伊红水溶液，用细玻棒搅匀，再加两滴1%苯胺黑水溶液（无苯胺黑染料时可用蓝墨水代替）迅速混合，制成黑色背景抹片，自然干燥后镜检。细胞膜呈红色者为死精子，不着色者为活精子。若查500个精子，分别计算出其中的死、活精子数占精子总数的百分比，即求出精子死亡率或活精子百分率。由于染色时的活精子不一定都是具有直线前进运动能力的精子，故求出的活精子百分率不应与精子活率等同起来。

（三）精液的稀释

精液采出后要及时进行稀释，这对于用液态精液输精或制作冷冻精液都是必要的。通常的做法是精液稀释和品质检查同步进行，镜检合格者可立即转入下一步处理或供输精用。

1. 精液稀释的目的

（1）增加精液容量，扩大可配母牛头数。

（2）补充营养物质，冲淡精清中对精子有害的物质的浓度，起营养、缓冲、保护作用，延长精子的寿命。

（3）稀释后的精液适于保存和异地运输，从而可延长精液利用时间及扩大人工授精的推广地域范围。

2. 稀释液的成分与组成要求

（1）牛精液稀释液的主要成分　通常有糖类（果糖、乳糖、葡萄糖等）、奶类（鲜牛奶、奶粉）和卵黄，它们可为精子提供营养、补充能量，还有防止精子发生冷休克的保护作用；此外，还可加入某些盐类（如柠檬酸钠、磷酸盐等）。

（2）组成要求

①稀释液必须新鲜，一般应现配现用，但经严格消毒、密封者可在冰箱中存放 5~7 d，而卵黄、抗生素、奶类等生物成分则须于临用时添加。

②配制稀释液的器具要干净，经消毒过的稀释液要装入无菌容器内。

③蒸馏水要纯净、新鲜，也可用去离子水或经滤纸过滤一两遍的对精子无害的已冷却的沸水。

④药品称量要准确。称量前，药品要按一定顺序排好，以免重取或漏取。

⑤一般化学药品（糖、醇、盐、酸）直接溶于定量的蒸馏水中；难溶于冷水的药品（如氨苯磺胺）可先用少量蒸馏水（计入总量）加热后溶解。经过滤、密封后可以高压蒸汽灭菌、隔水煮沸灭菌，但用后一种方法时加热勿过急，以免容器爆裂。

⑥易在高温下分解或变性的生物产品如卵黄、抗生素等，应在上述化学性溶液灭菌后温度降至 40 ℃以下时加入；奶类应事先以多层干净纱布过滤后 92~95 ℃、10 min 灭菌，冷却后除去奶皮。

⑦卵黄应采自新鲜鸡蛋。先将鸡蛋洗净、晾干，以 70% 酒精棉球擦拭蛋壳，待酒精充分挥发后，以无菌镊子击破蛋壳，小心地倾尽蛋清，用无菌甘油

注射器刺入卵黄膜内吸取卵黄。卵黄置于无菌容器内搅匀后方可倒入已冷却的稀释液中。

⑧抗菌物质的用量，每毫升稀释液中可加入青霉素 500 U，硫酸链霉素 500 μg（相当于 500 U）；氨苯磺胺在稀释液中浓度按 0.3% 使用。

3. 常用的精液稀释液

（1）鲜牛奶稀释液　将新鲜牛奶用四层纱布过滤，经前述方法灭菌，冷却后除去奶皮即可。

（2）奶粉稀释液　取脱脂或全脂奶粉 10 g 置于烧杯中，先以少量蒸馏水调成糊状，再加蒸馏水（总用量为 100 mL）搅匀，经前述方法灭菌，冷却即可。若有奶皮则应除去。

（3）牛奶卵黄稀释液　取鲜牛奶 80 mL 经巴氏灭菌后，冷却至 38 ℃ 左右加入卵黄 20 mL、青霉素 10 万 U 和链霉素 10 万 U，搅匀即可。

（4）奶粉卵黄稀释液　取脱脂奶粉 9 g、蒸馏水 100 mL，充分混溶后经灭菌，冷却至 38 ℃ 左右加入卵黄 6 mL 搅拌均匀。

（5）葡柠奶黄稀释液　取葡萄糖 1.6 g、柠檬酸钠 0.8 g、脱脂奶粉 2.4 g，共溶于 80 mL 蒸馏水中，隔水煮沸 10 min，冷却至 40 ℃ 以下加入卵黄 20 mL、青霉素和链霉素各 5 万 U 搅匀。

（6）卵黄柠檬酸钠稀释液　取柠檬酸钠 2.2 g 溶于 75 mL 蒸馏水中，水浴煮沸灭菌，冷却至 40 ℃ 以下加入卵黄 25 mL、青霉素和链霉素各 5 万 U，混匀即可。

（7）葡萄糖柠檬酸钠卵黄稀释液　取葡萄糖 2.4 g、柠檬酸钠 1.2 g，溶于 80 mL 蒸馏水中，水浴煮沸灭菌 10 min，冷却后加入卵黄 20 mL、青霉素 5 万 U、链霉素 2 万 U，搅匀即可。

牛的新鲜精液以上述任一种稀释液稀释后即可供当日输精用；其中用含有卵黄的牛奶卵黄稀释液、葡萄糖柠檬酸钠卵黄稀释液稀释，可低温（0～5 ℃）保存，5～7 d 仍可用。

4. 牛精液的稀释倍数　牛精液稀释后，精子活力不应低于 0.7，每毫升应含合格的活动精子数为 3 万～5 万个，每头份输精量为 1 mL。

稀释倍数在实践中通常是指所用稀释液量与被稀释的原精液量的比值，如添加 3 倍于原精液量的稀释液，即为稀释 3 倍，也称 1∶3 稀释。牛精液的稀释倍数可达三四十倍，但习惯上多用 3～8 倍稀释。具体的稀释程度可根据精液品质、稀释精液的实际需要量（输精母牛头数）而定，总的原则是既要保证精液质量，又不浪费精液，绝不能盲目稀释。

5. 精液的稀释方法　稀释前，精液和稀释液要置于同一温度（20～25℃）环境中 3～5 min，使二者的温度相等或极接近，最多不可相差 5℃。稀释时，将一定量的稀释液沿器壁徐徐倒入精液容器中，轻轻摇匀，不可颠倒操作顺序和急剧冲击。若需进行高倍稀释则应分段操作，可先稀释 2 倍，摇匀后停片刻再继续稀释，不能一次把全部稀释液向精液中一倾而尽。稀释后的精液应有防落菌措施，放在温度适宜的避光处并及早用完。

（四）精液的保存

精液的保存对于延长精子存活时间、保持受精能力、提高利用率和扩大利用范围都有重要的意义。

1. 精液的保存条件　根据保存方法（分常温、低温、冷冻保存）选用适宜的稀释液。未经稀释的原精液不能保存。处理精液时要严格实行无菌操作，保存的精液要密封，防止微生物滋生。避免外界不良因素对精子的影响；保存过程中不能升温。精液要标明来源。

2. 精液保存的原理　精液的保存方法分常温（15～25℃）、低温（0～14℃）、冷冻（−196～−79℃）保存 3 种，其共同的理论根据是精子在一定条件下代谢活动受到抑制，抑制解除后代谢活动便恢复而受精力不丧失。不同的保存方法所采用的抑制条件各异。常温保存时，采用弱酸性环境造成抑制，如使用酸性稀释液或向稀释精液中充入二氧化碳。低温保存是在卵黄、奶类等抗冻保护剂的保护下，利用低温来抑制精子的活动，从而降低代谢和能量消耗，当温度回升后，精子又逐渐恢复正常的代谢机能且不丧失受精能力。精液以低温保存时，从常温降至 5℃ 以下应缓慢进行，通常需 1～2 h，绝不可快速降温。冷冻保存亦称超低温保存，是按照一定程序将精液冻结成一定的剂型，置于干冰（固体二氧化碳，−79℃）或液态氮（−196℃）中，使精子处于代谢活动完全停止的状态，精子在此状态下只是代谢活动被高度抑制而并未死亡，当恢复适宜的活动条件时便随之复苏。

四、输精

1. 冷冻精液的取用　自罐中取冷冻精液时，提筒不能超出罐口上缘，并在 5 s 内取完。夹取颗粒的镊子需经液氮预冷。

每份解冻液中只允许解冻 1 粒，最多 2 粒冷冻精液；超过 1 粒时动作要快，以免解冻液温度波动对精子造成不良影响。严禁一管多粒一次解冻。

镜检必须在解冻后立即进行，此时压片标本观察温度应为 37 ℃，而解冻待用的精液温度在 30 ℃以下。若待用的精液在室温中放置 10 min 左右，活率会明显提高，但受精力却显著降低。

在特殊情况下，解冻的精液需继续保存时，应置于 3～5 ℃环境中，务必在数小时内用完。

2. 母牛的准备　母牛尾巴翻至背上或拉向一侧，外阴部清洗、消毒。

3. 输精人员的准备　采用直肠把握子宫颈法输精时，术者准备与直肠检查的相同；用阴道开张器法输精者无特殊要求。

4. 输精量　液态精液为每头牛每次 1～1.5 mL，颗粒冷冻精液为 1～2 粒。

5. 输精部位　以子宫颈深部输精为宜，在子宫颈管内 3～4 cm 或输精管前端穿过 2～3 道子宫颈管皱襞处，即使输精困难者至少也应在 1.5 cm。

6. 输精次数与时间　一个发情期内输精两次。输精一次者，可依配种时期而酌定；输精两次者，第一次可在发情开始后 8～12 h，第二次距第一次 12～24 h。

7. 输精方法

（1）阴道开张器输精法　让母牛站立于保定架内，一般不需特殊保定。外阴部清洗消毒后，将涂有液体石蜡的无菌阴道开张器插入阴道深部并使其开张，通过光源照射找到子宫颈外口，再把输精管穿过阴道开张器插入子宫颈内注入精液，然后退出输精器具；退出阴道开张器时，不要将它闭合严，以免夹伤母牛阴道壁。其优点是操作直观性强，缺点是输精深度不足，常出现精液逆流现象而影响受胎效果。

（2）直肠把握子宫颈输精法　让母牛站立架内，术者一只手臂伸入牛直肠内握住子宫颈，使子宫颈阴道部握于掌内而不外露，另一只手持输精管沿阴道上壁插入，然后直肠内的手将子宫颈向前平移而拉直阴道，两只手协同动作，输精管前端即可插入子宫颈深部，随即注入精液，然后退出输精管（使用球式输精器时，在完全退出子宫颈前不能松开胶囊）和手臂即告完成。此法的优点是精液可注入子宫颈深部，不易逆流，母牛无疼痛感，且可顺便进行直肠检查，了解母牛的内生殖器官是否有异常，还可防止因妊娠后发情而误配造成流产的事情发生。缺点是全凭感觉操作，需反复实践才能熟练掌握。

第七节　南阳牛母牛的胚胎发育

一、受精过程

受精是两性细胞即精子和卵子相互结合产生合子的过程，是个体发育的开始阶段。

将精液注入母牛的子宫颈深部 3 h 左右，精子即可到达输卵管。精子只有在母牛生殖器内存留一定时间，经过获能过程发生形态上和生化上的变化，使其头部能释放透明质酸酶，溶解卵子周围的卵泡细胞层，穿过透明带，才能和卵子结合。牛的精子获能过程大约需 20 h，精子在母牛生殖道内具有受精能力的时间为 28～50 h。

卵子本身不能运动，它主要靠输卵管平滑肌的收缩和上皮细胞的纤毛摆动而被运输。然而卵子从卵巢排出后，经很短时间就进入输卵管，和已先期到达输卵管的精子相遇。卵子排出后，保持受精能力的时间为 6～12 h。

精子和卵子在输卵管上 1/3 处相遇。这时有很多精子围绕在卵子放射冠周围。相遇后，精子的头部顶体释放出能溶解透明质酸的透明质酸酶（也称卵膜溶解素），同时释放出蛋白质分解酶，分解卵丘细胞，使精子很快进入卵子内部。精子穿过卵膜后，精核与卵核迅速融合，两种染色体发生联合而形成一个合子。

二、胚胎发育

（一）早期胚胎发育

受精的结束标志着合子（即早期胚胎）开始发育。合子通过卵裂、附植、细胞的分化过程，最后形成胎儿。早期的胚胎发育以形态特征大致分为三个时期：

1. 桑葚期　第一次卵裂，合子分为 2 个卵裂球，之后继续进行卵裂，二次卵裂形成 4 细胞的胚胎，第三次形成 8 细胞的胚胎，继而分裂为 16 细胞的胚胎。由于受透明带内空隙的限制，卵裂的细胞在透明带内形成致密的细胞团，形似桑葚，故称桑葚胚。这些细胞分裂发生在输卵管下部。

2. 囊胚期　发育成球状的细胞团（桑葚胚）进入子宫角后，在继续分裂

的时候，由于分裂不均等，形成了一个充满液体的小腔，这是囊胚腔的开始，此时的胚胎即称为囊胚，此时期称为囊胚期。囊胚在 2～3 d 总体积增大很快，引起透明带破裂后，变成一个游离细胞团，囊胚亦称胚泡。在桑葚胚、囊胚的发育过程中可以看到细胞定位现象，即较大的分裂，活跃程度较低的核蛋白和碱性磷酸酶密集的细胞聚集在一个极，偏向囊胚腔的一边，称为内细胞团。小而分裂活跃的富含黏多糖和酸性磷酸酶的细胞聚集在另一极，形成胚胎外层，继而形成滋养层。前者进一步发育为胚胎本身，后者将来发育为胎膜及胎盘。

3. 原肠期　胚泡的进一步发育出现内胚层，此时期称为原肠期。内胚层是由滋养层发育而来的，以后内细胞团插入并突出于滋养层形成胎盘，它包括胚胎外胚层在内。以后，内胚层和滋养层之间出现中胚层，中胚层又分化为体中胚层和脏中胚层。

胚胎在卵裂阶段，沿输卵管经 3～4 d 进入子宫角，在第一个月内尚未与子宫肉阜接触，在子宫内游离，靠子宫内液体（子宫乳）供给营养，约在受精后 2 个月（45～75 d）才逐渐与子宫发生组织及生理上的联系，称为附植（着床）。胚胎在游离阶段，子宫的收缩可使胚胎改变在子宫内的位置，使一侧子宫角的胚胎移位于对侧子宫角。早期的胚胎遇到母体机能上的影响时容易畸形或死亡。胚胎的早期发育约占整个妊娠期的 1/3，这一时期为胎儿各个器官系统的形成奠定基础。

（二）第二胎膜的构造和作用

胎膜即胎儿的附属膜。其作用是与母体子宫黏膜交换气体、养分及代谢产物，对胚胎的发育极为重要。在胎儿娩出后，胎膜即被摒弃，所以胎膜是一个暂时性器官。胎膜分为羊膜、尿囊膜和绒毛膜三部分。胎儿通过脐带与各膜相连（图 4-4）。

1. 羊膜　羊膜位于胎膜的最内层，包在胎儿的外面，为透明薄膜，其上分布着许多小血管。羊膜的内容物是黏液性的，是稍具牵缕性的液体，它浸润着胎儿。羊水是分布于羊膜上柱状上皮的分泌物，可缓冲和防止机械作用对胎儿的冲击，防止胎儿与胎膜粘连，并具有催产和滑润产道的作用，有利于胎儿娩出。越接近妊娠末期，羊水量越多。在妊娠后半期，胎儿吞咽羊水以获取营养和进行水代谢。

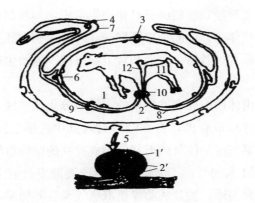

图 4-4　牛胎膜、子叶构造模式

1. 羊膜腔　2. 尿囊腔　3. 羊膜绒毛膜　4. 尿膜绒毛膜　5. 子叶　6. 羊膜

7. 绒毛膜　8. 尿膜　9. 尿膜羊膜　10. 脐带　11. 膀胱　12. 脐尿管

1′. 胎儿胎盘　2′. 母体胎盘

（资料来源：王元兴等，1993）

2. 尿囊膜　尿囊膜分内外两层，内层与羊膜粘连称尿膜羊膜，外层与绒毛膜粘连称尿膜绒毛膜。尿囊是位于胎儿腹腔外的囊，借脐带的脐尿管与胎儿的膀胱顶端相连。胎儿的尿液经脐尿管进入尿腔内。尿量随胎儿的发育而增加，尿囊膜薄而透明，其壁上分布有来回于胎儿与绒毛膜之间的血管，在妊娠末期尿量为 4~8 L。

3. 绒毛膜　绒毛膜是胎膜的最外层，它包围着整个胚胎及其他胎膜。由于其外面覆盖有绒毛故称绒毛膜，其作用是从母体输送营养物质给胎儿，将代谢产物和二氧化碳排至母体血管内。绒毛膜内的血管和母体血管系统为上皮和隐窝（无上皮）的结缔组织基质所隔开。牛的胎盘属于多叶胎盘，绒毛膜外的绒毛分别集中形成许多绒毛丛（子叶）包在子宫肉阜（母体子叶）上。由于牛具有不脱落的子宫膜，分娩时绒毛膜绒毛甚易剥离子宫黏膜的隐窝，剥离绒毛时一般不会伤及子宫黏膜。

（三）胎儿的发育过程

胎儿是由囊胚的内细胞团分化发育起来的。囊胚胚盘的细胞分为三层：最内层为内胚层，由此将形成肠道的衬里及其腺体和膀胱；最外层是外胚层，在发育的初期，沿胚盘的中轴形成一长脊，即神经外胚层，继而形成肾上腺髓

59

质、脑和脊髓，以及神经系统的所有其他衍生组织，如乳腺和其他皮肤腺、蹄爪、毛发及眼的晶状体等；中间为中胚层，在外胚层和内胚层之间，由此将形成结缔组织、脉管系统、骨骼、肌肉和肾上腺皮质。原始生殖细胞来源于中胚层和外胚层。

胚胎的体节是由体壁中胚层发生来的，体节分化成三区，由此再形成胎儿的不同部分。第一区形成脊椎，将神经管封入其中；第二区靠近神经管的上部，形成骨骼肌；第三区是体节的下部，形成皮肤的结缔组织。

从胎儿发育的第2、3个月开始，循环系统逐渐发育完全，血管系统经脐带内的血管与绒毛膜沟通。胎儿从胎盘摄取氧气及营养物质，通过脐静脉进入胎儿自身独立的循环系统。胎儿的代谢产物通过脐动脉到达胎盘送回到母体血管内带走。

胎儿的肝脏在胚胎期间即有造血器官的功能。胎儿的肺处于不活动状态中，所需氧气来源于胎盘而非肺脏。

在妊娠的最后数月内，胃肠道开始具有活动机能，因为此时的胎儿在吞咽羊水及羊水内的有形成分（羊膜上皮和表皮等）。由于胎儿的消化腺这时开始有机能作用，所以吞咽下的物质由肠蠕动驱向大肠内，到妊娠末期，聚集成团称为胎粪。

胎儿胃从妊娠后半期有机能活动。

神经系统也不再处于不活动状态，胎儿的反射表现强烈。胎儿有较强的肌肉活动。肌肉活动的发生是反射性的，并不受尚处于不活动状态的大脑所控制。如用凉水喂饮母畜，会使母畜内脏和胎儿身体受凉，从而引起胎儿反射性的肌肉活动，甚至从母体腹壁上就可以看出。

胎儿的细胞能自行制造侵入血液的防御物质，如在血液内可找到沉降素、溶菌素和凝集素。胎儿的某些内分泌腺体如胰腺和雄性生殖腺的活动也应列入机能活动之内，这些内分泌腺的分泌物甚至有一部分经过血液进入母体。

不同妊娠时间牛胚胎发育特征如下：

妊娠后30 d，胎膜形成，绒毛膜出现第一个子叶，心脏搏动明显，前、后肢可见，胚胎体长0.9 cm。

妊娠后60 d，胎儿形状初显，全部器官形成，体长6～7 cm，雌胎儿出现乳头。

妊娠后90 d，毛囊出现，公胎儿阴囊形成。

妊娠后 120 d，公胎儿阴囊明显，胎儿体长 22～26 cm，体无毛。

妊娠后 150 d，母胎儿乳房明显，公胎儿睾丸进入阴囊，体长 35～40 cm。

妊娠后 180 d，体长 35～60 cm，唇、眉部有浓密细毛，睫毛出现。

妊娠后 210 d，体长 70 cm（50～75 cm），唇、眉、肢端、角根、尾有浓密细毛，耳端及背线有少量细毛。

妊娠后 240 d，体长 80 cm（60～85 cm），全身被毛疏细。

妊娠后 270 d，体长 80～100 cm，被全毛，乳门齿 4～6 个，12 个乳白齿已出现。

妊娠后 280 d，出生。

三、妊娠期及预产期的推算

（一）妊娠期

妊娠期是指受精后到分娩，新生命在母体内生活的阶段。通常以最后一次交配或输精的日期开始计算，到分娩为止。几个肉牛品种和我国黄牛品种的妊娠期见表 4-4。

表 4-4 几个肉牛品种和我国黄牛品种的妊娠期（d）

品种	妊娠期（范围）	品种	妊娠期（范围）
海福特牛	285（282～286）	鲁西牛	285（270～310）
短角牛	283（281～284）	晋南牛	287.6～291.9
安格斯牛	279（273～282）	复州牛	275～285
利木赞牛	292.5（292～295）	蒙古牛	284.5～285.1
夏洛来牛	287.5（283～292）	温岭高峰牛	280～290
西门塔尔牛	278.4（256～308）	闽南牛	280～295
秦川牛	285（275.7～294.3）	雷琼牛	280～284
南阳牛	289.8（250～308）		

影响妊娠期的因素：母牛的妊娠期决定于遗传因素，但可因母牛的品种、年龄、胎儿数目、胎儿性别及环境因素而变化。

（1）遗传因素 遗传因素对妊娠期的影响可从品种间的杂交得知。例如，印度的红色辛提牛妊娠期比娟姗牛长，而且较晚熟，两者的杂种母牛妊娠期因辛提公牛的影响而延长。含娟姗牛血 3/4 和 1/2 的杂种犊牛比纯种娟姗牛妊娠期各长 2～4 d 和 5～8 d，若杂交一代母牛再和辛提公牛交配，妊娠期又比杂交一代配娟姗公牛的长约 5 d。因辛提牛妊娠期 291 d，每含 25% 的辛提牛遗传性能，使杂种妊娠期增长约 3 d，辛提牛的遗传力估计可达 75%。

（2）品种　品种之间存在着妊娠期间的微小差异，可能是由于遗传、季节或地区的影响。如不同品种奶牛的妊娠期：中国荷斯坦奶牛 279 d，乳用短角牛 282 d，更赛牛 284 d。

（3）年龄　受胎的老龄母牛妊娠期长而青年母牛短。受胎相对早龄的青年母牛妊娠的时间稍短于受胎较晚的青年母牛。

（4）胎儿数目　牛为单胎畜种，如含多胎则妊娠期短，怀双犊的就比怀单犊的要短 3～6 d。

（5）胎儿性别　胎儿为雄性比胎儿为雌性的妊娠期长 1～2 d，可能是由于性别不同，内分泌机能有差别，从而影响分娩发动时间和妊娠期的长短。

（6）环境因素　季节和光照对母牛的生活和胚胎生长发育影响很大，因而与妊娠期有关。3 个乳牛品种分析的结果显示，春季（3—5 月）产犊的平均妊娠期为 279.02 d，比秋季（9—11 月）的长 2.07 d，而冬夏两季介于前两者之间。桀因和伊腾在分析荷兰牛妊娠期的同时，亦提出分娩季节能影响妊娠期长短的观点，而以夏季最短，为（278.4±5.33）d，冬季最长，为（280±4.86）d。

（二）预产期的推算

母牛妊娠后，为了做好分娩前的准备工作，应准确地推算产犊日期。推算方法如下：

如按 280 d 的妊娠期计算，采用"月减 3，日加 6"，即得到预计分娩期。

例一，某母牛于 2019 年 9 月 15 日配种，则预产期为：9－3＝6（月），15＋6＝21（日），即 2020 年 6 月 21 日为预产期。

例二，某母牛于 2019 年 1 月 30 日配种，则预产期为：（1＋12）－3＝10（月），月份不够减，需借 1 年（加 12 个月）；（30＋6）－30＝6（日），超过 1 个月，可将分娩月份推迟一个月数并用该月份的天数减去，余数则为下一个月份的预产日，即得到该母牛预产期为 2019 年 11 月 6 日。

如按妊娠期285 d推算，则将配种月份减3，配种日数加10，即得到预计分娩期。

第八节　妊娠母牛的生理变化

一、生殖器官的变化

妊娠后，由于胚胎的出现和存在，变化最大最明显的是生殖器官，特别是子宫，随着妊娠的进展，子宫逐渐扩大以容纳胚胎伸展。在妊娠的前半期，子宫体积的增长主要是肌纤维增大及增长，至妊娠后半期，则是由于胎儿使子宫壁扩张，子宫壁变薄。妊娠2个月时子宫角间沟不甚明显，以至于消失，子宫壁上出现子叶，妊娠3个月后隔直肠可以明显摸到子叶。妊娠4个月后子宫坠入腹腔内，在妊娠末期位于下腹壁，并抵达胸骨处。由于瘤胃占据腹腔的左侧大半部，因此扩大的子宫偏向右侧，至妊娠末期，使得右腹壁突出、下垂，而右胁窝明显。

妊娠时期子宫血管部分增加、增大，从而有助于胎盘的血液供应。子宫动脉管腔变大，在妊娠的一定时期，原来间隔明显的脉搏变为间隔不明显的颤动（称为妊娠脉搏），孕角比空角出现得早而且显著得多。母牛在不同妊娠月份子宫角的变化见图4-5。

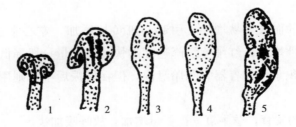

图4-5　母牛子宫角的妊娠变化

1. 30 d　2. 60 d　3. 90 d　4. 120 d（侧面）　5. 180 d（侧面）

（资料来源：王元兴等，1993）

妊娠时期的子宫黏膜血液供应丰富，又因子宫体积的增大，黏膜的皱襞亦展平并消失。黏膜的纤毛上皮发生脂肪变性，并参与子宫乳的形成过程。

子宫颈分泌物形成子宫栓，封闭子宫颈管。子宫颈位置往往稍偏向一侧，稍变扁。

卵巢的位置在妊娠期间受到子宫下坠的影响亦随之下沉，孕侧卵巢的形状也有些改变。在整个妊娠期卵巢黄体以最大体积持续存在，其颜色为金褐色，并不突出于卵巢的表面。

子宫阔韧带在妊娠期因肌纤维的增大和结缔组织的膨大而变粗。

阴道壁的血液供应丰富，从而使组织渐渐松弛和黏膜潮红。

二、体内激素的变化

在妊娠的前半期是黄体激素在起作用，妊娠的后半期是胎盘激素在起作用。卵泡破裂后形成的黄体所分泌的孕酮能抑制发情和排卵，并可促使绒毛膜绒毛伸入子宫黏膜内，从而为胚胎的发育建立起条件。当绒毛膜固定于胎盘内后，胎儿进一步发育就依赖于胎盘，而黄体的机能即行停止。黄体和胎盘的内分泌活动影响着其他内分泌的机能活动，因而也影响到物质代谢。

三、母体的变化

母牛妊娠后，在生理上发生一系列的变化：停止发情，性格变得温驯，行动谨慎，容易疲乏。新陈代谢变旺盛，食欲增加，消化能力提高，所以母牛营养状况改善，表现为体重增加，毛色光润。妊娠后期，胎儿急剧生长，妊娠前期母牛积蓄的营养物质受到消耗，饲养管理不当时，母牛表现消瘦。

妊娠母牛的血液容易增加，引起心脏负担增加，左心室往往稍显肥大。孕牛血液凝固性增高，红细胞沉降速度加快，血钙量一般降低。因为在妊娠前期血钙是聚积于母体各器官和胎盘内，但在妊娠后半期则用于构成胎儿的骨骼。

随着胎儿的发育，孕牛氧气需要量增加，故呼吸加快。

妊娠后半期的母牛排粪量少而频繁，这是因为子宫在不断扩大，越来越使腹腔容积减小，而腹腔中的内脏器官的压力越来越大。

妊娠促使母牛乳腺增生增大，初产母牛特别明显。但对于挤奶的母牛，乳房在很长一段时间内是松软的，只有到分娩前数周甚至数天方可察觉乳腺体组织增大。

妊娠引起往骨盆腔诸血管去的血流量加强，引起微血管壁的伸张，从而使血液的液体部分渗出管壁，浸润周围组织。这一情况到妊娠末期则引起连接荐骨和骨盆的韧带松弛，而后又发生荐部下陷。韧带和其组织的松弛为即将到来的分娩做准备。

第九节　南阳牛妊娠诊断的方法

在生产实践中，妊娠母畜的检查方法常用的有外部观察法、阴道检查法、直肠检查法及其他检查方法。

一、外部观察法

对配种后的母牛在下一个发情周期到来前注意观察是否发情，如果不发情则可能受胎。这种方法对发情规律正常的母牛有一定的参考价值，但不完全可靠，因为有的母牛虽然没有受胎，但发情时症状不明显或不发情，有的母牛虽已受胎但仍有发情表现（假发情）。

母牛妊娠 3 个月后，性情变得安静，食欲增加，体况变好，毛色光润。妊娠 5～6 个月后，母牛腹围有所增大，右下腹部增大比较明显。妊娠后期腹围明显增大，在右下腹部腹壁外常可见到胎动，乳房也有显著发育。但这些外观症状在妊娠中后期才比较明显，所以不能做早期妊娠诊断。

二、阴道检查法

阴道的某些变化常作为妊娠诊断的重要依据之一，主要是观察阴道黏膜色泽、黏液性状以及子宫颈的形状和位置等。

1. 阴道黏膜色泽　妊娠后，阴道黏膜由未妊娠的粉红色而变为苍白、无光泽，表面干燥。在检查时，观察要迅速，打开阴道的时间不宜过长。

2. 阴道黏液性状　妊娠 2 个月后，子宫颈口附近即有浓稠黏液，妊娠 3～4 个月后，黏液量增多并变为糊状。同时阴道收缩，插入开腟器有阻力，有干涩感。子宫颈口被灰暗浓稠的液体所封闭。

3. 子宫颈的变化　妊娠母牛子宫颈口紧闭，有糊状黏液堵塞，形成子宫栓。子宫颈口的位置随着妊娠时间的增加从阴道端的正中向下方移位，有时也会偏向一侧。这是由于子宫膨大、下沉牵引子宫颈而造成的。

阴道检查法虽有一定的准确性，但是空怀母牛卵巢上有持久黄体存在时，阴道内也有妊娠时的症状表现。另外对于妊娠母牛孕后发情，患有子宫疾病、

阴道炎症，以及妊娠时间短不易确诊，所以阴道检查法只能作为一种辅助的检查方法。操作时要严格消毒，防止动作粗暴。

三、直肠检查法

直肠检查法是目前判定母牛是否妊娠的可靠方法，同时通过检查还可以确定妊娠大致日期、妊娠期内的发情、假妊娠、某些生殖器官的疾病以及胎儿的死活等，所以这种方法在生产上得到了广泛的应用。

直肠检查应根据子宫角的形状、质地，胚泡的大小、部位，卵巢的位置变化，以及子宫中动脉妊娠脉搏的出现等来判定母牛妊娠的阶段。

直肠检查操作要细心，严禁粗暴。检查时要迅速、准确，检查时间不要太长。检查顺序可先从骨盆底部摸到子宫颈，再沿子宫颈向前触摸子宫角、卵巢，然后检查子宫角、卵巢，最后检查子宫中动脉。

母牛妊娠1个月时，孕侧卵巢有较大的黄体突出于表面，卵巢体积增大，孕侧子宫角增粗，质地松软，不收缩或收缩弱，稍有波动，未孕侧子宫角收缩反应明显，有弹性，角间沟清楚。

妊娠2个月时，孕角显著增粗，约为空角的一倍，有波动，角间沟不清楚，但两角分岔处尚能分辨。

妊娠3个月，子宫颈已移到耻骨前缘，子宫开始垂入腹腔，孕角波动明显，可摸到如蚕豆大小的子叶，角间沟已摸不清楚。孕侧子宫中动脉开始有特异搏动。

随着妊娠月份的增加，子宫角变化情况也越来越明显。

四、其他检查法

（一）激素反应法

母牛妊娠后，母体内占主导地位的激素是孕酮，它可以对抗适量的外源性雌激素使之不发生反应。此法是根据母牛对雌激素是否出现反应作为判断标准。注射雌激素后，母牛妊娠则不表现发情症状，没有妊娠时则可促进母牛发情。在即将来临的发情期里，外源性雌激素和卵巢激素共同作用于靶器官，可使发情的外部表现更为明显。具体做法是：牛于配种后18～22 d，肌内注射合成雌激素2～3 mg，注射后5 d不出现发情则为妊娠。

（二）子宫颈、阴道黏液的检查

1. 煮沸法

（1）原理 孕牛子宫颈、阴道黏液的黏性大，凝固成块状，加水煮沸时，在短时间内黏液不溶解，而仍保持一定形状，似云雾状，浮游在无色透明的液体中。子宫颈、阴道黏液中有一种含黏多糖的蛋白复合物，在碱性物质的作用下加热煮沸后黏液分解，黏多糖即分解出糖，糖遇碱则变为淡褐色和褐色。

（2）方法与判定 开张阴道，用长镊子或特制的长匙采取米粒大小的分泌物一块，加蒸馏水 1.5 mL，混合后煮沸 1 min 观察。分泌物浓而黏，呈微白色，保持一定的形状，好像云雾一样地漂浮在无色、清洁而同质的液体中，则为妊娠母牛的分泌物；如果煮沸液呈清洁、透明而同质的液体，则为发情母牛的分泌物；如果液体混浊，呈微白色，并有小泡沫状和大小不同的凝絮状游于表面，或黏附于管壁，则为子宫积脓或化脓性子宫内膜炎的表现。

有人用蒸馏水方法进行试验。通过反应观察，在患子宫内膜炎的病牛（即在液体表面上漂浮有混浊的白色絮状物，或有脏物黏附到试管壁上）中，仍有一部分（17 头中有 6 头）妊娠，这就说明在液体混浊的情况下亦可判断为妊娠。为减少误差，应该进行两次检查，患阴道炎的母牛黏液虽有轻微混浊，但仍保持成团漂浮的状态。

2. 相对密度测定法 妊娠 1～9 个月母牛子宫颈、阴道黏液的相对密度为 1.013～1.016，未妊娠母牛的相对密度不到 1.008。因此可利用相对密度为 1.008 的硫酸铜溶液测定子宫颈、阴道黏液的相对密度，判断是否妊娠。如果黏液在溶液中呈块状沉淀（相对密度大于 1.008），就认为是妊娠；黏液漂浮在溶液表面，即可判断为未妊娠。

3. 抹片检查法 取子宫颈、阴道黏液一小块（绿豆粒大小）置于载玻片中央，再轻轻盖上另一玻片，轻轻旋转 2～3 圈，取走上面玻片，使其自然干燥，加上几滴 10％硝酸银，1 min 后用水冲洗，再加姬姆萨染色液 3～5 滴，加水 1 mL 染色 30 min，用水冲洗后令其干燥，然后在显微镜下检查。如果视野中出现短而细的毛发状纹路，并呈紫红色或淡红色，为妊娠的表现；如果视野中出现较粗纹路，为发情周期的黄体期或妊娠 6 个月以后的特征；如出现平齿植物状纹路，为发情的黏液性状；如出现上皮细胞团，则为炎症的表现。此

法对妊娠 23～60 d 的母牛准确率可达 90％以上。

（三）碘酒法

首先收取配种后 20～30 d 母牛鲜尿 10 mL 盛入试管内，然后滴入 2 mL 7％碘酒溶液充分混合，待 5～6 min 后在亮处观察试管中溶液的颜色，呈暗紫色为妊娠，不变色或稍带碘酒色为未妊娠。

另外还有牛奶检查法、超声波探测法、血液孕酮水平测定法等。

第十节 南阳牛繁殖障碍及防治

繁殖障碍在公、母畜中均可发生，表现为繁殖能力的丧失。繁殖能力的丧失，有的是永久性的，无法克服，称为不育；有的是暂时性的，经过改善饲养管理或进行相应的治疗即可恢复，称作不孕，它特指母牛。在牛的繁殖过程中，从母牛的发情开始经排卵、配种、受精、胚胎附植、妊娠乃至分娩、哺乳，任何一个环节遭到破坏均可导致不孕甚至不育的发生。母牛承担着繁殖后代的大部分任务，不孕症较为常见，情况也较复杂，对牛群的增殖影响很大，因而对母牛的繁殖障碍必须予以充分的重视和解决。

一、母牛繁殖障碍分类

母牛的繁殖障碍可发生于繁殖过程的任何阶段，其中从发情到分娩前的常见形式有不发情、异常发情、不能受胎及胚胎死亡等，根据发生原因可归纳为以下五种：

1. 先天性繁殖障碍

（1）生殖器官畸形有子宫角缺乏、子宫颈位置与形状异常、生殖管道不通（输卵管与伞连接处不通、输卵管与子宫结合部不通、子宫颈闭锁及阴道闭锁）等。母牛在这些情况下可发情但不能受胎。

（2）异性孪生的母牛生殖器官发育极差，不表现发情，不能生育。

2. 机能性繁殖障碍

（1）卵巢机能障碍有卵巢发育不全、卵巢萎缩及硬化、持久黄体、卵巢囊肿、排卵延迟等。表现为不发情或发情异常等。

（2）受精紊乱表现为不能受精或受精异常。原因较复杂，可来自公、母牛任何一方，如卵子畸形或衰老、精子衰老或死亡、母牛生殖道异常（妨碍配子或合子运行）、异常受精（多精子受精、单原核发育）、精液品质差、配种时机不当以及免疫性因素（产生抗精子抗体而引起不受精）等。

3. 营养性繁殖障碍　表现为不发情或发情不正常，其原因为饲料质量差、某种营养成分（如蛋白质、维生素或矿物质）不足或过剩、采食量不足、运动量不足或过度等，使卵巢机能发生障碍。

4. 疾病性繁殖障碍

（1）生殖器官疾病有卵巢炎、输卵管炎、子宫内膜炎（包括子宫积液、子宫积脓）、子宫弛缓、子宫颈炎、阴道炎等。

（2）危害生殖力的传染病，如布鲁氏菌病等。

5. 胚胎损失性繁殖障碍　由各种原因引起的胚胎早期死亡及妊娠中、后期流产等。

二、母牛常见繁殖障碍与防治

1. 不发情　引起母牛不发情的繁殖障碍都是因卵巢机能遭到破坏或扰乱所致，包括以下几种情况：

（1）卵巢发育不全　母牛到初情期甚至体成熟后仍不见发情，卵巢很小，无卵泡发育，生殖道呈幼稚型。可由遗传因素引起，但更多的因饲养管理条件不好、下丘脑-垂体机能障碍或卵巢对促性腺激素的敏感性降低所致，如头胎母犊营养不良同时又有长期的慢性疾病时易患此病。先天性卵巢发育不全无特效治疗方法。

（2）卵巢静止　卵巢不出现周期性活动，质地较硬，大多带有黄体，表面可能不规则。由卵巢机能暂时受到扰乱引起。营养不良、使役过重、哺乳过度、患严重的全身性疾病、慢性子宫内膜炎、慢性卡他性子宫内膜炎等都是可能的病因。

（3）卵巢萎缩　卵巢变小，质地稍硬，无卵泡发育。病因为卵巢机能长久衰退、老龄母牛衰老，其余则可由瘦弱、使役过重引起。

（4）完全卵巢硬化　两侧卵巢均硬如木质，无卵泡发育。多为卵巢炎后遗症，卵巢囊肿和持久黄体等也可引起。

（5）持久黄体　表现为分娩后长期不发情，或只出现过一至两次发情，卵巢的同一部位有显著突出的黄体长久存在。病因可见于营养不良、使役过重、

哺乳过度、子宫内有异物等。

(6) 黄体囊肿 由排卵后黄体化不足、卵泡壁上皮细胞黄体化引起或由卵泡囊肿发展而来，主要症状为缺乏性欲，长期不发情。直肠检查可见黄体显著增大，内有空腔并蓄积有液体。

防治：

①以上各类不发情牛均可每日适度按摩卵巢，每次 5 min，还可以试情公牛刺激其性机能。黄体囊肿牛应增加使役、加强运动，其余的牛则应适当控制运动量。在卵泡发育期至黄体形成期间勿使役过重，饲料中要有足够的蛋白质、维生素和矿物质，可预防卵巢机能失常。使用垂体促黄体素诱导排卵时，用药剂量要足够，避免卵泡囊肿或卵泡黄体化的发生。瘦弱牛应首先改善饲养管理，不可单靠药物催情。

②激素催情。除黄体囊肿外均可使用。以国产垂体促卵泡激素 200～400 IU 肌内注射，每日或隔日 1 次，连用 2～3 次，最好与少量垂体促黄体素同用；或肌内注射兽用促性腺激素 1 000～5 000 IU，必要时隔 1～2 d 重复 1 次；也可用孕马血清促性腺激素或雌激素，孕马血清促性腺激素用量为每次 900～2 000 IU，肌内或皮下注射，连日或隔日 1 次，共 2 次。

③持久黄体与黄体囊肿可试用前列腺素类的 15 -甲基 $PGF_{2\alpha}$，2 mg 肌内注射。据日本学者前田淳一介绍，采用 $PGF_{2\alpha}$（前列腺素 $F_{2\alpha}$，国外产品）阴唇黏膜内注射治疗牛持久黄体效果很好，用量比肌内注射法节约一半；操作方法为在有黄体侧距阴门裂 2 cm 的黏膜上以 70％酒精消毒，针头刺入 5 mm 深，注射量 3 mL（6 mg）。

2. 卵泡囊肿 由卵泡中止发育而形成，直径可达 3～5 cm，泡壁变厚；有时可见小而多的囊肿，即多卵泡囊肿，触感为小结节、富弹性，卵巢表面不规则。患牛发情频繁，持续时间长，哞叫、不安，常爬跨其他母牛，严重时呈现慕雄狂。本病有遗传性。

防治：

(1) 发情后及时配种，可减少本病发生。

(2) 停喂精饲料，加强运动。

(3) 激素疗法 肌内注射垂体促黄体素 200～400 IU，每日或隔日 1 次，连用 2～3 次；肌内注射孕酮 50～100 mg，每日或隔日 1 次，连用 2～7 次；肌内注射绒毛膜激素 10 000 IU，每日 1 次，连续 3 d；用其他激素治疗无效时，可试用地塞米松 10～20 mg 肌内注射。发病半年内疗效较好。

（4）手术疗法　只作为最后手段使用。可隔直肠壁挤破囊肿，或将卵巢拉至阴道穹窿处，用另一只手持带有套管（护住针尖）的空心针头伸进阴道内，隔着阴道壁对准囊肿穿刺排液。

3. 慕雄狂　由卵泡囊肿、卵巢炎、卵巢肿瘤或由下丘脑、垂体、甲状腺、肾上腺的机能紊乱而引起。症状为发情周期紊乱，性欲亢进，爬跨和追逐其他母牛，咆哮不安，食欲废绝，频繁排粪尿，阴门肿大而流出透明黏液，体质消瘦，被毛无光泽，荐坐韧带水肿松弛，臀部肌肉塌陷，尾根与坐骨结节间出现一深凹陷。

防治：

（1）隔离治疗。由遗传因素引起者应淘汰。

（2）病因清楚者应治疗原发病；对症治疗同卵泡囊肿。

4. 卵泡萎缩发育　卵泡因激素分泌失调、气温突然降低、缺乏青绿饲料等而停止发育。直肠检查可见卵泡体积渐小、泡壁变厚。治疗可用促卵泡激素 100～200 IU 肌内注射，最好与少量促黄体素同用，必要时次日再注射 1 次。

5. 慢性卵巢炎　由急性卵巢炎转变而来。卵巢变大而硬，有的局部硬化，出现硬结节，微痛，有脓肿者则痛感明显，病牛不发情或发情微弱。

防治：

（1）积极预防和治疗急性卵巢炎（由细菌感染卵巢引起）。

（2）局部痛感明显者，以大剂量磺胺类药物或抗生素治疗，直至卵巢无硬结、痛感消失。

（3）局部无明显痛感者，隔直肠壁适度按摩卵巢，并增强使役，改善血液循环，促使炎症消退。

6. 不完全卵巢硬化　指一侧卵巢全部或局部硬化或两侧卵巢均有局部硬化。直肠检查可见卵巢表面或内部有硬如木质的结节，捏压时无痛感。表现为发情周期紊乱。一般多继发于慢性卵巢炎。

治疗：

（1）按摩卵巢，每天 1 次，每次 3 min，连续 15～20 d。

（2）先用雌激素（多次、小剂量）改善卵巢血液循环，待卵巢稍变软时，改用绒毛膜激素或孕马血清促性腺激素促进卵巢机能的恢复。雌激素用量：乙蒽酚 15～25 mg，己烷雌酚 10～40 mg，任选一种。

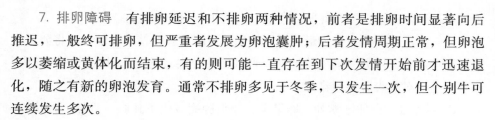

7. **排卵障碍** 有排卵延迟和不排卵两种情况，前者是排卵时间显著向后推迟，一般终可排卵，但严重者发展为卵泡囊肿；后者发情周期正常，但卵泡多以萎缩或黄体化而结束，有的则可能一直存在到下次发情开始前才迅速退化，随之有新的卵泡发育。通常不排卵多见于冬季，只发生一次，但个别牛可连续发生多次。

防治：

（1）多喂青绿饲料，减轻使役，哺乳者及时断奶。

（2）按摩卵巢时手法要得当，患子宫内膜炎或胎衣不下时要及时治疗，防止卵巢与伞粘连，以减少不排卵的发生。

（3）**激素疗法** 可用绒毛膜激素水剂 2 000～3 000 IU，一次肌内注射；或促性腺激素释放激素类似物，100～200 μg，一次肌内注射；或促黄体素200～300 IU，于发情后数小时内注射可预防；也可用促卵泡激素 100～200 IU 或孕马血清促性腺激素 500 IU，一次肌内注射。对屡配不孕者，若发情后 24 h 仍未排卵，可肌内注射己烷雌酚 5～10 mg 以刺激促黄体素分泌、促进排卵。激素治疗同时可行子宫冲洗。

8. **慢性子宫内膜炎** 可分为卡他性和脓性两种，多由人工授精时消毒不严引起或由急性子宫内膜炎转变而来。急性子宫内膜炎主要发生于产后感染，体温升高等全身症状明显，应按急性炎症处理。

卡他性子宫内膜炎为表层炎症，子宫壁变厚，子宫角变粗、收缩反应微弱或消失；阴门流出透明或稍混浊黏液，卧下或发情时尤多；无全身症状，发情周期多正常，但屡配不孕或致胚胎早期死亡。子宫颈管不畅时发展成子宫积液，状如胎胞，但终无子叶和胎儿，卵巢上有时可有黄体。脓性者可有轻度全身反应，精神不振、食欲减退、渐瘦，发情周期遭破坏，从阴道排出浓稠的恶臭脓性分泌物，卧下时较多，常附于尾根、后肢而成痂；阴道及子宫颈充血肿胀，颈口略开，往往有脓性分泌物流出；子宫变化不显著，有时增大，壁厚薄软硬各处不一，蓄积分泌物多时有波动感，卵巢上有黄体。当子宫内有大量脓液不能排出时形成子宫积脓，全身症状基本与脓性子宫内膜炎相同，但子宫显著增大，似妊娠 2～3 个月，定期直肠检查却始终摸不到胎儿和子叶。

治疗：应首先改善饲养管理，提高机体抵抗力。药物治疗应重在恢复子宫张力，促进渗出物外流和控制再感染。常采用发情期子宫冲洗和注入药液，一般每日或隔日一次，3～5 日为一个疗程；子宫颈口不开者可先注射雌激素使之开放。冲洗液量以回流液透明无异物为度，冲毕提起子宫角务必将余液排尽。常用的冲洗液有：

（1）1％生理盐水、1％～2％碳酸氢钠溶液，灭菌，使用温度 30～38 ℃，这种溶液无刺激性，适于轻症病例。液温提高到 45 ℃有促进排卵作用。

（2）5％～10％高渗盐水，1％～2％鱼石脂液，使用温度 40～45 ℃，有刺激性，适于子宫内膜炎早期。

（3）0.5％来苏儿、0.1％利凡诺、0.1％高锰酸钾、0.05％呋喃西林、0.02％新洁尔灭液，使用温度 30～38 ℃，适于各种子宫内膜炎。

（4）1％明矾、1％～3％鞣酸溶液，使用温度 20～30 ℃，有收敛作用，适于伴有子宫弛缓和内膜出血者。

（5）1％硫酸铜、1％碘、3％尿素水溶液，有腐蚀性，每月限用 1～2 次，且冲洗时间要短、力求排净。冲洗后可用生理盐水再冲一遍。适于顽固性子宫内膜炎。

用冲洗液冲洗后，还可向子宫内注入青霉素 40 万 IU/次、链霉素 100 万 IU/次，以生理盐水溶解，二者可合用亦可单用，注入量 20～40 mL。

第五章
南阳牛营养需要与常用饲料

饲料是发展养牛业的物质基础，决定着养牛业的发展规模和速度。养牛不仅要了解牛的消化特性和营养物质需要，还必须了解牛各种饲料的特性及其加工技术，这样才能合理利用饲草饲料资源，合理准确配制日粮，发挥牛的生产潜力，提高生产性能，降低饲养成本，增加养牛的经济效益。

第一节　饲料的分类和营养成分

一、饲料的分类

牛的常用饲料根据特性一般可分为八大类：青绿饲料、粗饲料、青贮饲料、能量饲料、蛋白质饲料、矿物质饲料、维生素饲料及添加剂饲料。

1. 按物理形状分类　牛饲料可分为散碎料、颗粒饲料、块（砖）饲料、饼饲料、液体饲料等。

2. 按营养构成分类　分为全价配合饲料、精饲料混合料、浓缩饲料和添加剂预混料。

二、饲料的营养成分

详见图 5-1。

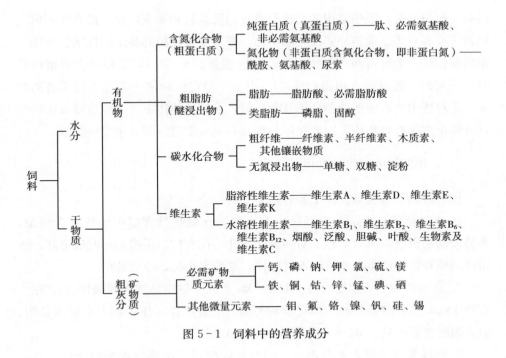

图 5-1　饲料中的营养成分

第二节　南阳牛精饲料及其加工调制

精饲料是指能量饲料、蛋白质饲料、矿物质饲料、维生素饲料及非营养性饲料添加剂。精饲料的共同特点是粗纤维含量低、营养成分含量高、消化率高、饲喂效果好。但精饲料只有经过加工才可以发挥最佳效能。所以加工调制得当、使用科学，不仅能保证牛生长发育快，牛肉质量高，而且成本低，因此其是决定养牛盈亏的关键所在。本节将对需要加工的精饲料（棉籽饼、菜籽饼等）进行详述，对不需加工可直接利用的精饲料（如麦麸、米糠等）进行略述；对南阳地区资源很少或没有的饲料（如糖渣、甜菜渣等）则予以省略。

一、蛋白质饲料及其加工调制

蛋白质在畜禽营养中有不可替代的重要位置。牛的饲料种类很多，通常把干物质中粗蛋白质含量 20% 以上、粗纤维含量小于 18% 的饲料划为蛋白质饲料。蛋白质饲料包括植物性蛋白质饲料、动物性蛋白质饲料、微生物蛋白质饲料和非蛋白氮等，喂牛常用的是植物性蛋白质饲料和非蛋白氮。植物性蛋白质饲料主要有豆类、油料籽实及其副产品。喂牛主要使用的是价格低廉且来源丰富的棉仁饼、棉籽饼和菜籽饼。棉仁饼含粗蛋白质33%，棉籽饼含粗蛋白质23%～30%，菜籽饼含粗蛋白质36%以上。但是棉籽饼中含有毒物质游离棉酚，菜籽饼中含有害的硫葡萄糖苷及芥酸，在酶的作用下，这些有毒有害物质可分解出多种有毒物质，因此做牛的饲料必须脱毒后再用，用量要控制。

（一）棉籽饼的脱毒和利用

棉籽饼的简易脱毒方法主要有以下3种：

1. 水热处理脱毒法　棉籽饼中游离棉酚在湿热处理时可形成结合棉酚，不易被动物吸收，从而减轻了对动物的毒性。在农村，压榨采用此法更好。将粉碎的棉籽饼加适量水煮沸，不时搅拌，煮约半小时，冷后备用。

2. 硫酸铵和生石膏处理法　取200 kg水放于缸中，加入硫酸铵2 kg和生石膏1 kg，搅拌溶解，加入100 kg棉籽饼，充分搅拌，静置24 h后取出备用。游离棉酚含量可从0.65%下降至0.01%～0.02%。

3. 硫酸亚铁及石灰水脱毒法　一般根据棉籽饼中游离棉酚的含量，加入适量的硫酸亚铁（$FeSO_4 \cdot 7H_2O$）粉末，加量按铁元素与游离棉酚的重量比为1:1的比例，混匀即可；或加入0.5%的石灰水，用量为棉籽饼的5～7倍，脱毒效果可达85%，用时混以其他饲料或晒干备用。此法是利用硫酸亚铁中的铁离子能与棉酚螯合的特点使游离棉酚失去活性，不易被动物吸收，从而起到脱毒作用。在榨油过程中增加喷雾设备可使成品油及棉籽饼完成脱毒。硫酸亚铁的加量可依游离棉酚的总量变化而增减，一般占原料的0.2%～1%。浸出粕游离棉酚含量可降至0.02%～0.04%。

棉籽饼经过脱毒处理，毒素虽可大量减少，但不能完全去掉，因此仍需掌握用量，以日采食量不超过总日粮的15%为宜，并应适当搭配一些青绿饲料和矿物质饲料。另外，棉籽饼中赖氨酸、蛋氨酸含量少（因一部分游离棉酚和氨基酸结合），蛋白质利用率较低，因而还必须注意氨基酸的平衡，补充赖氨酸更能发挥棉籽饼的营养潜力。

（二）菜籽饼简易脱毒方法

菜籽饼是油菜籽压榨取油后的副产品。菜籽饼含有34%～40%的粗蛋白质，含 11％ 左右的粗纤维。菜籽饼的含硫氨基酸含量比较丰富，但菜籽饼有苦涩味，影响牛的采食量。菜籽饼含有毒的物质，牛采食过多可毒害肝脏和甲状腺（牛中毒后流涎、不安、甲状腺肿大、肠炎、腹泻、心力衰竭死亡），因此必须脱毒后再用。

一般采用如下方法进行脱毒：

1. 坑埋法　选择干燥、向阳的地段挖深 1 m，宽 1 m，长度视菜籽饼数量而定的坑，先把饼按 1∶1.2 的比例加水浸泡，待泡软后埋入坑内，坑的顶部和底部各盖垫一层草，顶部再覆土 30 cm，埋 2 个月后，脱毒率达 90％ 以上。

2. 水浸洗法　每 100 kg 菜籽饼加 400～500 kg 清水进行浸泡，浸泡 36 h后，用清水淘洗 5 遍后即可饲喂牛。

3. 发酵中和法　将菜籽饼打碎放在缸内，按 1∶3.7 的比例加温水，把温度调至 40 ℃ 左右进行发酵，待 pH 达到 3.8 后再发酵 6～8 h，然后过滤，把菜籽饼浆与液体分开，菜籽饼浆用氢氧化钠中和至中性。此法菜籽饼可脱毒90％ 以上，并清除了辛、辣、酸味。

（三）非蛋白氮的利用

常用的非蛋白氮有尿素、双缩脲、碳酸氢铵、氨水、液氨等。因后三种主要用来处理秸秆，生产中利用尿素做牛的补充饲料比较普及。下面仅就尿素喂牛方法进行介绍。

尿素作为牛的蛋白质补充饲料不能单独饲喂，生产中通常用的补饲方法是：

1. 尿素与精饲料混合饲喂　把尿素均匀地和精饲料搅拌在一起饲喂是最常用的一种方法。搅拌均匀、现拌现喂，掺入日粮中日喂 2～3 次。尿素的喂量按牛的体重确定，每 100 kg 体重日喂 20～30 g；或按牛精饲料饲喂量的 2％～3％ 使用。开始喂尿素时要由少到多，让牛逐渐适应，一般过渡期要有 7～10 d。拌入精饲料中饲喂或用拌了尿素的精饲料再拌粗饲料喂，喂后 30 min 以后才能给牛饮水。

2. 尿素舔砖　用尿素和其他物质均匀混合后制成砖块让牛自由舔食，是放牧或围栏散养条件下补充蛋白质饲料的一种方法。常用的配方是：尿素40％，食盐 47.5％，糖蜜 10％，磷酸钠 2.5％ 和少量的钴等微量元素。为了提高适口性，也可混入粉碎的高淀粉精饲料。尿素舔砖应避免雨淋。受潮变软后，牛采食量过大，会引起中毒。也有的为了避免牛舔食过多而在尿素舔砖中

加入磨碎的草粉。一般情况下，每头牛每日的舐食量为120～200 g。尿素饲喂量大会引起牛中毒现象。生产中一要注意按规定量饲喂，二要掌握先少后多，逐步增加到最适宜量（一般为7～10 d），三要注意不能把尿素溶解于水或汤料里直接给牛饮食或喂后立即饮水。若出现尿素中毒症状应及时诊治。

二、能量饲料及其加工调制

饲料干物质中粗纤维含量低于18％和精饲料中蛋白质含量低于20％的饲料属于能量饲料，包括谷类籽实、糠麸、糟渣、块根、块茎、糖蜜、饲料用脂肪等。

能量饲料的能量主要是其中所含的淀粉、糖和脂肪提供的。牛日粮中必须有足够的能量饲料供应瘤胃微生物发酵所需的能源，才可保持瘤胃中微生物对于粗纤维和蛋白质氮的利用，以及正常的消化生理机能的维持。

（一）谷物类饲料及其加工调制方法

谷物类产品多质地坚硬，如玉米、稻谷、高粱、大麦、小麦、粟米（小米）等饲料，加工调制有利于咀嚼和反刍，可提高饲料营养成分的消化利用率，从而节省饲料、降低养牛成本。

1. 粉碎　籽实类的玉米、小麦、稻谷等需采用粉碎机粉碎。其筛孔直径通常为3～6 mm，磨碎程度以粗碎粒为宜，直径为1～2 mm。过细牛采食后容易糊口，在胃肠内易形成黏性的固状物不利于消化，有时还会吸入牛的气管。

2. 压扁　玉米经压扁后消化率比磨碎或整粒的玉米都要高，如果玉米蒸煮后再压扁更好。玉米用开水煮沸15 min，水分含量达到20％，捞出后压成1 mm厚的薄片，晾干，使水分含量降到15％以下，饲喂增重效果比磨碎高40％左右。用此法同样可提高高粱的利用率和采食量。

3. 糖化　糖化饲料是将富含淀粉的谷物粉碎后，经过饲料本身或麦芽中淀粉酶的作用进行糖化，使部分淀粉变成麦芽糖。一般富含淀粉的谷物饲料经过糖化作用以后，糖的含量可以提高8％～12％，适口性和消化率也大大提高。糖化饲料的制作方法是：把粉碎的谷物类精饲料分次装入木桶中，按1∶2、1∶（2～2.5）的比例加入80～85 ℃的热水拌和均匀，使木桶内的温度保持在60 ℃左右，然后按饲料重量2％的比例加入麦芽曲（酒曲）以促进糖化作用。糖化过程时间控制在10～14 h，以免饲料腐败变质。糖化饲料可与其他青粗饲料混合喂牛。糖化饲料可用于肉牛育肥期的大量采食时期。

4. 水浸　将水加入饲料中，加水量根据需要而定，如拌混合料时加水量控制在不呈粉尘状，喂粥料则加水量应大。压碎的谷物常呈粉尘状，加入适量的水能改进适口性。浸泡可使饲料软化、膨胀；液饲即在饲喂前或饲喂时将预定的饲料和水混合，饲料和水的比例以能形成流质为限，这样具有清凉、水分充足、营养丰富、适口性好的特点，在夏季饲喂效果更好。

5. 发芽　将玉米、大麦用水浸泡，置于温度 18.25 ℃、相对湿度 90% 的条件下使胚芽萌发，一般经 6～8 d 即可食用。短芽长 0.5～1.0 cm，富含 B 族维生素和维生素 E，能促进食欲；长芽长 6～8 cm，富含胡萝卜素，同时还含有维生素 B_2 和维生素 C。发芽后的籽实维生素 A、B 族维生素、维生素 C 与酶含量增加，具有清爽甜味，可补充冬春季节青绿饲料缺乏时的维生素不足，特别是在营养不足的日粮中加入发芽饲料收效甚大，可促进肉牛的生长。妊娠母牛在临产前不宜喂发芽饲料，以防引起流产。

（二）糠麸类饲料及其加工调制

糠麸是谷物籽实加工后的副产品，包括麦麸、玉米皮、米糠、大豆皮等。这类饲料能量一般比原粮低，而所含蛋白质的数量和质量都超过原粮，粗纤维含量高（约 10%），钙少而磷多；含有丰富的 B 族维生素，但缺乏维生素 D 和胡萝卜素。这类饲料适口性好，可直接饲喂或加工成配合饲料饲喂。

（三）糟渣类饲料

糟渣类饲料也称糟粕类饲料，包括糖糟、豆腐渣、啤酒糟、白酒糟等。这类饲料在国内都是来源于酒厂、糖厂的下脚料。鲜料含水量高达 75%～85%。按干物质计算，粗蛋白质和粗纤维含量都在 14% 以上，此类饲料是肉牛较好的饲料。但因此类饲料含水量较大，饲喂过量易引起腹泻，所以以成年南阳牛为例，豆腐渣、鲜啤酒糟以每日每头 10～15 kg 为宜，白酒糟以每日每头 5～10 kg 为宜。

第三节　青贮饲料及其配制方法

青贮饲料营养丰富，并具有芳香气味，是各种家畜一年四季特别是冬春季节的优质粗饲料。

一、饲料青贮的原理

饲料青贮是青绿饲料在密闭厌氧条件下通过乳酸菌发酵产生乳酸,当乳酸在青贮饲料中积累到一定浓度时,青贮饲料中所有微生物都被抑制,从而达到长期保存青绿饲料营养价值的目的。

乳酸菌发酵青贮过程分为三个阶段,即植物呼吸阶段、微生物竞争阶段和青贮完成阶段。

二、青贮设备

青贮设备可分为青贮建筑设备和青贮机械设备两大类。

1. 青贮建筑设备 青贮建筑设备主要有青贮窖、青贮池、青贮壕、普通青贮塔、气密(限氧)青贮塔及一些临时性的青贮设备(封闭式青贮堆、塑料袋等)。为了防止雨水渗漏窖内,可在青贮窖(池)四周1m处挖排水沟。青贮设备的样式、大小可依地势、牲畜头数和青贮原料的多少而定。

2. 青贮机械设备 目前在生产上应用较普遍的青贮机械设备主要是铡草机。铡草机亦称切碎机,主要用来切断秸秆类饲料,如麦秸、稻草、谷草、高粱秸、玉米秸等。铡草机按机型的大小可分为大型、中型、小型。

三、青贮原料

青贮用的原料来源很广,农作物秸秆、藤叶,饲料玉米、甜高粱及栽培牧草和野生、水生等无毒的青绿植物与一些农副产品均可作为青贮原料。因大多数粗饲料不经青贮也是优质的饲料,因而生产上应用最多的是玉米秆青贮。玉米秆是很好的青贮原料,亩*产超过3 000 kg。玉米秆青贮又分为以下两种:

1. 玉米秸秆青贮 即以收过玉米后的玉米秸秆为青贮原料。玉米秸秆在青贮时要把握好收割时机,过早会影响粮食产量,过迟又会影响青贮品质。玉米秸秆的适宜收割时期应从三个方面掌握:一是看玉米成熟程度,乳熟早、枯熟迟、腊熟正适时;二是看青黄叶比例,黄叶少、青叶多;三是看生长天数,一般中熟品种110 d左右就基本成熟,麦垄点种玉米9月10日左右,麦后直播玉米9月20日左右就应收割。

---

* 亩为非法定计量单位。1亩≈0.067hm²。——编者注

2. 带穗玉米青贮　这是一种专门为青贮而种的玉米，宜选择植株高大、茎叶繁茂、青秸秆产量高、品质好的中晚熟玉米品种。适当密植，每亩掌握在6 000 株左右，在高水肥条件下，亩产可达 4 000～5 000 kg。在乳熟期收割，将茎叶与玉米一起切碎青贮。

四、青贮饲料的制作方法

1. 适期收割　参见"青贮原料"部分。

2. 调节水分　青贮原料水分含量适宜是保证乳酸菌正常活动的重要条件。一般来说，原料中水分含量以 65％～75％为宜。如果青贮原料中水分含量过高，可造成原料中糖分和汁液的过度稀释，在贮存时因压紧而流失，或黏结成块导致青贮失败；如果青贮原料过干，青贮时难以踩实压紧，原料间隙留有较多空气，造成好氧性细菌的大量繁殖，使饲料发霉变质。青贮原料中的含水量并非一成不变，应视原料的种类不同而定，豆科牧草的含水量以 60％～70％为宜，禾本科牧草的含水量以 70％～75％为宜。其简易判断方法是：抓一把切碎的青贮原料在手里攥紧，1 min 后松开观察草团状况，若能挤出汁水，则含水率必定大于 75％；若草团能保持其形状但无汁水，则含水率为 70％～75％；若草团有弹性且慢慢散开，则含水率为 55％～65％；若草团立即散开，则含水率低于 55％。

3. 切碎　只有切碎才能压实，只有压实才能最大限度地排出窖（池）内的空气，从而抑制好氧性细菌的活动，并为乳酸菌的活动创造一个良好的环境。同时切碎可以提高家畜的采食量和消化率。实践证明，青贮原料切碎长度以 0.5～1 cm 为宜。

4. 装填　青贮原料应随切碎随装贮。无论是圆形的青贮窖或长方形的青贮池（壕），都要分层平摊装填压实。特别是窖（池）的四周应尽量压实，以排出空气。小型窖（池）采用人工踩实；大型长方形窖、壕可用履带式拖拉机或小型拖拉机碾压。青贮原料压得越紧实，窖内空气排出得越彻底，青贮的效果就越好。装料要高出窖上沿 30 cm 左右，待下沉后，正好与窖池边沿相平或稍高于窖池边沿。

5. 密封　严密封窖、防止漏水通气是调制优质青贮饲料的一个关键环节。如果密封不严，进入空气或雨水有助于腐败菌的生长和繁殖，造成青贮失败。因此在青贮原料装满后应立即封闭窖口，在原料上面覆盖塑料薄膜，

用砖块或石头将周围塑料薄膜压紧，然后再糊上一层黏泥，特别要注意四周与边缘的密封，最后再覆盖 30 cm 厚的土，使窖顶呈圆馒头形或屋脊形，以利于排水。

6. 管理　青贮窖、壕密封后，为防止雨水渗入，应在距离窖、壕四周 1 m 处挖排水沟。要随时观察因青贮原料下沉造成的顶部裂缝或下降，一经发现应立即覆土压实。

五、青贮饲料品质判定

青贮饲料品质的优劣可采用化学分析的方法进行实验室判断，但生产上主要是用一些简单而直观的方法，用人的感官进行直接判断。其方法是：

1. 看　即看青贮饲料的色泽。越是接近原来的颜色就越好。如果原来植物的茎、叶颜色是绿色的，制成青贮饲料后仍然为绿色，即是青贮饲料品质优良的一个重要指标。如果青贮饲料原来为黄色，经过青贮之后变为黄褐色，也属于优质的青贮饲料。如果变成褐色或黑绿色，则表示其品质低劣。单凭色泽来判断青贮质量，有时也会发生误差。例如红三叶草调制成的青贮饲料常为深棕色而不是浅棕色，实际上是极好的青贮饲料。另外青贮榨出的汁液是很好的指示物，通常颜色越浅表明青贮越成功，禾本科牧草尤其如此。

2. 嗅　就是用鼻闻青贮饲料的气味。正常的青贮饲料有一种酸香味，以带醇香味并略具弱酸味为佳；低水分青贮饲料则有淡香味；若有强烈酸味，是含乙酸较多，往往是由于高水分和高温发酵所造成。若带有腐臭的丁酸味及发霉味等，这是青贮失败的标志，即不能喂用。

3. 触摸　拿到手里感到很松散，而且质地柔软而湿润，即是优良青贮饲料。相反，如果拿到手里感到发黏或者黏合在一起，则是质地不良的青贮饲料。拿到手里虽然松散，但干燥粗硬，也属于质地不良的青贮饲料。

另外，植物的茎、叶等应当清晰可辨。结构破坏及呈黏滑状态是青贮严重腐败的标志。

六、青贮饲料的保存与利用

青贮饲料一般经过 6～7 周完成发酵过程便可取出喂饲。在利用过程当中，一定要注意科学取用、严格管护，要取之有道、用之有度，以免造成不必要的浪费和损失。青贮饲料的保存与利用分别介绍如下：

1. 青贮饲料的保存　青贮饲料开封前应清除封窖时的盖土、铺草等，以防止青贮饲料混杂引起变质。取用青贮饲料时应以暴露面最小及尽量少搅动为原则。青贮壕自一端逐日分段取料，防止从中间取料，以防长期暴露表面。青贮池自上而下逐层取料，随取随喂。无论青贮壕、青贮池及其他的青贮方式，取用后必须及时将暴露面盖好，尽量减少空气侵入，防止二次发酵，避免青贮饲料变质。

二次发酵是青贮饲料开封利用过程中极易出现的问题，危害极大。它是由于温度显著上升而造成发霉变质的现象。引起青贮饲料二次发酵的原因有：刈割期延迟，多数是遇早霜；切段长，装贮时密度小；装贮后没用重物压紧；每日取出量少，对暴露面不能及时覆盖或覆盖不严。

总的来说，二次发酵主要是由于空气侵入所致，因此断绝空气或施用药剂抑制微生物活动均能收到预期效果。然而，最好是在调制青贮时饲料采取预防措施。调制青贮饲料时，必须遵循的基本原则是选用优质原料、提高青贮原料的密度、彻底密封、紧紧压实。

2. 青贮饲料的利用　调制成的青贮饲料是优质多汁饲料，几乎可以喂饲任何家畜，如牛、羊、猪、马、驴等。第一次喂饲青贮饲料，有些家畜往往可能不习惯，可将少量青贮饲料放在食槽底部，上面覆盖一些精饲料，等家畜慢慢习惯后再逐渐增加喂饲量。青贮饲料在空气中容易变质，一经取出就应尽快喂饲。食槽中家畜没有吃完的青贮饲料要及时清除，以免腐败。

青贮饲料的喂饲量决定于青贮饲料的种类、质量，搭配饲料的种类，家畜的种类、生理状态、年龄等。以牛为例，每日推荐喂饲量为：禾本科牧草青贮饲料，每 100 kg 体重喂 4 kg；豆科牧草青贮饲料，每 100 kg 体重喂 3 kg；高淀粉青贮（如带穗玉米）饲料，每 100 kg 体重喂 5 kg。

第四节　南阳牛青绿饲料及加工调制

青绿饲料是指天然水分含量 60％ 及以上的植物性饲料。我国的青绿饲料种类繁多、资源丰富，主要包括天然牧草、栽培牧草、青饲作物、叶菜类饲料、树叶类饲料及水生饲料等。天然牧草主要有禾本科、豆科、菊科和莎草科四大类。栽培牧草是人工栽培的青绿饲料，主要包括豆科和禾本科两大类，如苜蓿、三叶草、草木樨、紫云英、黑麦草、杂交苏丹草、墨西哥玉米等。青饲作物主要指粮饲兼用作物，如玉米、甜高粱、甜玉米等。叶菜类饲料包括苦荬菜、聚合草、甘蓝和牛皮菜等。树叶类饲料包括槐树叶、杨树叶、榆树叶、桑树叶、松针等。水生饲料主要有水浮莲、水葫芦、水花生、绿萍等，我国南方地区种植较多，南阳市这类饲料较少。

青绿饲料含水量高，一般达 70%～95%，每千克鲜样含 0.808～1.100MJ能量；粗蛋白质含量较丰富，按干物质计，禾本科为 13%～15%，豆科为 18%～20%，品质优良，其中非蛋白氮大部分为游离氨基酸和酰胺，对牛的生长、繁殖和泌乳有良好的作用；无氮浸出物含量高，粗纤维含量低，干物质中无氮浸出物含量为 40%～50%，而粗纤维含量不超过 30%。青绿饲料中还含有丰富的维生素，特别是维生素 A 源（胡萝卜素），可达 50～80 mg/kg；矿物质中钙、磷含量丰富，比例适当；牛对此类饲料有机物质的消化率可达 75%～85%；具有轻泻、保健作用。由于青绿饲料干物质少、能量低，育肥牛还需要补充谷物、饼粕等能量饲料和蛋白质饲料。用豆科牧草喂牛应特别注意防止臌胀病的发生，方法是控制饲喂量。禾本科牧草可大量饲喂，但幼嫩的高粱苗、亚麻叶等含有氰苷，喂前晾晒或青贮可预防中毒。叶菜类饲料中含有硝酸盐，不可长时间堆贮，否则会造成亚硝酸盐中毒。

铡短和切碎是青绿饲料最简单的加工方法，不仅便于牛咀嚼、吞咽，还能减少饲料的浪费。一般青绿饲料可以铡成 3～5cm 长的短草，块根块茎类饲料以加工成小块或薄片为好，以免牛食后发生食管梗塞，还可以缩短牛的采食时间。

第六章
南阳牛饲养管理

第一节　南阳牛种公牛的饲养管理

一、种公牛的营养需要

种公牛对于现代繁殖技术高度发展、人工授精技术普遍运用十分重要，因为它直接关系着牛群的品质发展情况。所以在养牛业发展中，许多国家都建有种公牛站，专门饲养种公牛，生产冷冻精液，2.5岁以下的种公牛尚未达到体成熟，仍在生长发育，特别是24月龄以前的育成公牛生长发育快，正处在培育阶段，为使其表现出品种的特征和性能，具备种用价值，必须给予充足的营养，使其获得正常的日增重。

育成公牛要每月称量体重，若日增重低，应检查饲养情况、有无疾病，迅速查出原因，给予纠正。若日增重超过正常值处于偏高状态，亦应立刻检查找出原因。如属于养分过多，应从日粮中减下来，不要使公牛过肥，失去种用价值。所以育成公牛应按饲养标准要求的营养需要量进行饲养。

5岁以上的成年种公牛生长发育已经停止，以生产精液为主的种公牛消耗营养物质较少，其饲养标准应按维持营养需要。

二、种公牛的饲养

为了保证生产品质优良的精液，在给种公牛配合日粮时要选择品质好的饲料，并在日粮中添加适量动物性饲料，如鱼粉、骨肉粉、蚕蛹粉等，以改善精液品质。菜籽饼、棉籽饼会降低精液品质，不适于用作种公牛的饲料。

饲喂种公牛的粗饲料以青草和优质的干草为主，各种秸秆不适于饲喂种公牛，粗饲料的采食量不宜过多，特别是育成公牛要控制粗饲料采食量，以青干草为粗饲料时，日粮中精、粗饲料比为 60：40。粗饲料过多容易形成草腹，有碍于配种爬跨。

在种公牛的饲养中应注意多喂青草、胡萝卜等维生素含量较多的饲料，长期喂干草应注意补充胡萝卜素，不然精液品质会下降。种公牛对钙、磷的需要量大，但必须注意钙磷平衡。

玉米青贮可以喂种公牛，但不易大量饲喂，可以少量地和干草掺和起来饲喂。酒糟、粉渣等最好不做种公牛的饲料。

种公牛一般都是舍饲—拴系单槽饲养，每天饲喂 3～4 次，每天饲喂后要供给清洁的饮水。饲养种公牛的地方要保持整洁、干燥、安静。种公牛缰绳要结实，拴系要牢靠，周岁前后就应穿鼻环，以便牵引控制。对待种公牛不应粗暴，种公牛下槽后每天刷拭两遍饲槽，使人牛亲和。种公牛每天要进行 2 h 的驱赶运动，以增强体质。

三、种公牛的管理

（一）种公牛的运动及采精（配种）

运动对种公牛保持健康体魄、获取高质量精液极为重要。种公牛的运动可采用运动架强迫运动或牵遛运动两种方式，前者适于种公牛较多的单位，如种公牛场、含冻精液站等，后者适于散养种公牛。强迫运动每日 2 次，每次 1～2 h；牵遛运动每日 1 次，每次 2～3 km。冬季可适当延长运动时间或加大牵遛距离。

大多数场站的采精制度是每周 2 个采精日，每个采精日采精 2 次。研究分析表明，每 5 d 1 个采精日，每个采精日上下午各采 1 次，精液密度、活力并不下降，而年采精量则增加 1/3 以上。

以本交为主的散养公牛，繁忙季节可隔天配种 1 次。过度使用、配种次数过频则使公牛早衰，影响终生配种量。

不管是人工采精还是本交，夏季高温季节（7—9 月）应适当减少采精或配种次数，如有条件最好停采 2 个月；冬季严寒季节亦应停采停配 1 个月，以提高精液品质和准胎率。盛夏和寒冷季节非用不可的种公牛及本交过频的种公牛应加强补饲。也可创造或改善人工环境，提高种公牛采精效果。

长期不用的种公牛第一次采精时，精子活力极低甚至全部为死精属正常现象，可按正常采精制度安排，采到 3 次以后精液活力仍然很低或稀薄的属病态，应采取治疗措施。

从成熟种公牛采到的正常精液为乳白色浓稠液体，并由于精子的运动而呈雾状涌动，正常精液一般无腥味或略带腥味，一般每次采精量 4 mL 左右。如精液量极少、稀薄、发黄、带血丝血块、带腥臭气味均为病态。

（二）刷洗及修蹄

1. 种公牛的刷洗 包括刷毛和洗浴两个内容：

（1）刷毛 除了换毛季节除去浮毛保持牛体清洁作用外，还可刷去体表寄生虫，增加皮下血管血流量，对促进牛体健康、建立人畜亲和有积极意义。刷毛时应从颈侧开始，而后按肩、胸、背、腰、臀顺序逐侧进行，严禁刷种公牛的额头。

（2）洗浴 洗浴重点在夏季进行，冬季除药浴外不洗浴，主要作用是保持牛体清洁和降温。洗浴用水以 20～30 ℃温水为宜，洗浴时严禁用水管直接冲洗公牛额头。头部非洗不可时应用平缓水淋洗。

2. 修蹄 对种公牛非常重要，可请专业修蹄人员进行，每年进行 2～3 次。

（三）恶癖、异食癖的控制及校正

异食癖大多与微量元素缺乏或寄生虫病有关，应采取治疗措施予以校正。恶癖大多由饲养管理不当造成，校正时切忌粗暴鞭打，可采用高系吊鼻予以惩罚，逐步纠正。

（四）管理中易忽视的细节

牛对红色敏感，所以在种公牛的日常饲养管理中，饲养管理人员尽量不穿红色首装、不戴红色首饰，减少公牛暴怒事件发生。

第二节 南阳牛母牛的饲养管理

一、母牛的饲养

农区的繁殖母牛饲养方式主要是舍饲，只在有河滩、荒坡的地方才能放牧加舍内拴系饲养，牛完全在人为的控制下。因此农区饲养繁育母牛，应努力做到合理搭配饲草饲料，认真加工调制，给母牛创造一个比较科学的饲养条件，以利于母牛的生长发育和提高繁殖成活率。

母牛一般每天喂 2~3 次，总的饲喂时间不少于 6~7 h，在精饲料较少的情况下，饲喂顺序应先粗后精，即先喂粗饲料，待牛吃半饱后再用精饲料拌草饲喂，以增加粗饲料的采食量，或用青绿饲料、青贮饲料掺和秸秆饲喂，也可达到同样的目的。喂牛的粗饲料要铡短，草长 1 cm 左右，精饲料不要磨得过细，粉碎成粒料就可以。饲喂时要做到少喂勤添，即投草的次数要多，每次给量要少。一般根据牛的个体大小和牛的食欲，一次添秸秆、干草 0.5 kg 左右，青草、青贮饲料 1~2 kg。每次喂后牛下槽时，给予清洁的饮水。夏季饮水要清凉，冬季水温应不低于 20 ℃，不给牛饮结冰冷水。已经发霉、腐败的草料，含有残余农药的草料不应再喂牛。并注意清除混入草料中的异物，尤其注意清除铁钉、细铁丝等尖锐的金属异物。

当前母牛饲养中存在的主要问题是：粗饲料常年是麦秸，精饲料是玉米、麸皮，饲料单一，蛋白质饲料缺乏，胡萝卜素不足，矿物质未能得到补充。所以在母牛饲养中，粗饲料和精饲料都要多样搭配，生产中推广的秸秆氨化和玉米秸青贮是提高秸秆利用率、改善牛营养的有效技术措施，可以部分地解决蛋白质不足和维生素 A 缺乏的问题，应当认真推广。

母牛饲养上另一个突出的问题是母牛产前产后的饲养管理不科学。母牛妊娠后期要加强饲养，不能过于消瘦也不能过肥，应保持中上等的膘情。随着妊娠天数的增加，接近产期的母牛腹围增大、行动不便，胎儿挤压消化器官使母牛消化能力下降、采食量减少，所以此时应选择一些营养丰富、易消化的草料进行饲养，注意矿物质的补足。管理上要细心观察，给予照顾，不要挤撞、鞭打，避免母牛受到惊吓，临产半个月将母牛单独饲养在安静、清洁、干燥、冬季保温、夏季通风的牛舍中，出现临产症状及时按照正常接产方法接产。母牛分娩是一个生理过程，从妊娠结束到空怀哺乳开始，所有饲养工作要适应这一生理变化。母牛分娩时随着胎儿、胎衣和羊水的排出，体内水分损失很大，腹压降低，因此在产犊后应及时给母牛饮温水，在水中加一定的麸皮和食盐以补充水分和促使消化机能恢复。

母牛分娩后生殖器官的功能、消化循环系统等整个机体都处于恢复调整阶段，同时开始泌乳，并随着犊牛采食量和吮吸次数的增加，母牛泌乳量提高很快，这些都需要消耗大量的营养。哺乳期由于泌乳，所消耗的营养比妊娠后期还要多。母牛每产 1 kg 4% 乳脂率的乳，约需消耗 140 g 干物质和 1.93MJ 增重净能，相当于 0.3～0.4 kg 混合精饲料提供的营养物质。犊牛出生后 2 个月内每天需哺乳 5～7 kg，因此应在维持的基础上（生长母牛还应包括生长的需要）增加泌乳的营养需要。试验证明，母牛产后得到合理饲养可以保证母牛的健康，提高母牛繁殖率和犊牛断奶体重。由于营养过量，妊娠后期母牛把饲料中的养分转化为体脂肪贮存起来，产后再把体脂肪转化为乳，这样效率低，很不经济。

母牛产后也是最容易发病的阶段，如胎衣不下、瘤胃食滞、腹泻、乳腺炎、产后发热等，所以产后母牛要加强护理，随时观察健康状况及食欲、反刍、排粪情况。根据这些情况和外界环境的变化及时调整日粮。

二、母牛的管理

（一）发情鉴定

饲养母牛的重要目的是生产小牛，发情鉴定是母牛日常管理的重要内容，多数母牛在 1～1.5 岁出现爬跨现象，此阶段为性机能发育阶段，即使性机能完全进入繁殖阶段的母牛也有假发情现象发生。

真正的发情除了发情周期明显外，发情症状也很明显。发情母牛大多表现采食量减少，不安定，哞叫，爬跨其他牛和阴唇红肿、胀大，从阴门内流出透明条状黏液等症状。假发情母牛虽然也哞叫不安，爬跨其他牛，甚至阴唇肿大，但多不排出黏液，非周期性发情。需要注意的是，有些母牛营养不良，尤其是一些老龄瘦弱母牛，发情症状不明显。进入发情周期时，所排黏液很少，发情时间又短，极易被误认为未排黏液而当作假发情。

（二）适宜的配种时机

母牛在 1.5 岁以后，只要发育正常即可参加配种。

母牛妊娠期 285 d，为了便于管理，提高犊牛成活率，应把产犊期尽量安排在夏秋季节。配种期以 7—12 月为最好，这样预产期为 4—11 月。3—5 月配种，产期在 12 月至翌年 2 月，正值天气寒冷、青绿饲料缺乏季节，不利于犊牛生长发育。

母牛发情周期 21 d，其中发情间隔期 18 d，发情持续期 2～3 d。最佳配种时间在发情高潮期后。从症状判断，以母牛发情黏液有筷子长短时最佳。

（三）日粮中维生素 A 不足的严重后果

母牛日粮中维生素 A 不足除了春季常发生夜盲症外，还严重影响性机能，一是导致空怀母牛不发情，二是导致妊娠母牛胎儿发育受阻，出现死胎或弱胎。所以冬春季节应注意维生素 A 的补充，可在日粮中适当增加一些动物性蛋白质。

（四）乳房的清洗

乳房的清洗在母牛的饲养管理中常被忽视。对妊娠母牛进行乳房清洗有利于产奶量的提高，同时清洗过程中的按摩刺激有利于妊娠母牛体内激素平衡，对保胎、促进胎儿发育有积极作用。产后母牛乳房经常清洗可有效地减少犊牛腹泻的发生。

妊娠母牛每 10 d 要清洗按摩 1 次乳房，母牛生产以后，在犊牛哺乳前应用温湿毛巾仔细擦洗乳房。产后 7 d 内应坚持每天清洗 1 次，发现乳房尤其是乳头脏污时随时清洗。哺乳期内（不包括初乳期）可每 5 d 清洗 1 次，乳头脏污随时清洗。

（五）适时断奶与热配

母牛泌乳期 7～8 个月，但由于泌乳力低，后 2 个月泌乳量很少，远远不能满足犊牛生长需要，继续哺乳一方面导致犊牛采食量上升缓慢，另一方面影响母牛休息和体质的恢复，所以应在犊牛 6 月龄时断奶。

统计分析表明，热配（产后 37 d 或第一个情期）受胎率高，可有效地提高母牛终生产犊量，青年母牛和老龄但体况好的母牛尽量采取热配。

第三节　南阳牛后备牛的饲养管理

南阳牛后备牛是按照选种要求初步选择的幼龄公牛和母牛，在生产中常指从断奶到 1 岁半以后参加配种的优秀公犊和母犊，在肉牛生产中主要指后备母牛。

一、后备牛的营养需要

犊牛出生后 8 个月内生长最快，以后生长速度放慢，2.5 岁之后明显减慢，5 岁以后生长基本停止。

6 月龄断奶时，牛仍处于高速生长阶段，所以要认真做好饲料的转换工作，使其尽快适应完全的植物性饲料。在断奶后 2～3 个月仍应按犊牛阶段较高的营养水平配给饲料。

断奶 2～3 个月后的后备牛应以青绿饲料为主进行饲养，以锻炼其消化器官，提高利用粗饲料的能力，增强适应性。土地面积较大和有草山草坡或滩地草场的地方尽可能组织放牧。放牧一方面使后备牛获得更为全面的营养，另一方面增加其运动量和日光照射时间，有利于后备牛的骨骼发育。无条件放牧的地方，春末、夏季、秋季可用青草和氨化、微贮秸秆搭配起来饲喂；冬季和初春季节青绿饲料短缺，可用玉米秸、全株玉米青贮、微贮麦秸搭配饲喂；夏秋季节的后备牛，饲料以青草为主，可不加或尽量少加精饲料，只补些食盐和微量元素；冬春季节青绿饲料缺少，全用干草喂时应适当补加精饲料。后备牛的营养需要见表 6-1。

表 6-1 后备牛的营养需要

体重 （kg）	日增重 （kg）	干物质 （kg）	粗蛋白质 （g）	每千克干物质含 代谢能（MJ）	增重净能 （MJ）	钙（g）	磷（g）	胡萝卜素 （mg）
125	0	2.2	245	9.21～10.05	6.45	4	4	16.5
	0.7	3.2	460	10.88～11.30	13.77	19	9	19.5
	0.8	3.4	510	10.88～11.30	15.24	21	11	20
150	0	2.5	275	8.38～8.79	7.41	5	5	18.5
	0.6	4.1	520	8.79～9.63	13.23	20	10	22
	0.8	4.7	600	9.21～9.63	15.09	25	12	23.5
200	0	3.1	330	7.95～8.79	5.53	7	7	21.5
	0.5	4.9	560	8.79～9.63	12.85	21	10	26.5
				9.63～10.05	14.57			
	0.8	5.9	670	9.21～9.63	13.35	27	13	30
				9.63～10.05	17.54			

（续）

体重 （kg）	日增重 （kg）	干物质 （kg）	粗蛋白质 （g）	每千克干物质含 代谢能（MJ）	增重净能 （MJ）	钙（g）	磷（g）	胡萝卜素 （mg）
	0	3.7	380	7.95～8.79	6.53	9	9	24.5
250	0.5	5.7	590	8.79～9.21	13.23	20	12	31.5
				9.21～9.63	15.28			
	0.8	6.9	720	8.79～9.21	17.12	29	16	36
				9.21～9.63	18.5			
	0	4.3	425	7.95～8.79	7.49	10	10	27.5
300	0.4	5.9	590	8.37～8.79	12.85	20	14	34.5
				8.79～9.21	14.4			
	0.8	7.7	770	9.21～9.63	20.55	31	18	42
				9.63～10.05	22.1			
	0	4.8	470	7.96～8.37	8.41	12	12	30.05
350	0.3	6.2	600	8.37～8.79	12.93	20	14	37
				8.79～9.21	14.69			
	0.6	7.8	780	9.21～9.63	20.09	28	20	43.5
				9.63～10.05	21.85			
	0	5.4	515	7.95～8.37	9.29	13	13	33
400	0.2	6.2	620	8.37～8.79	12.6	20	16	36
				8.79～9.21	14.78			
	0.5	8	760	8.79～9.21	18.67	25	22	46
				9.21～9.63	20.6			

二、后备牛的饲养管理

后备牛的饲养管理比较简单，后备牛饲养管理要点如下：

1. 吃足初乳　初生犊牛胃肠道微生物区系尚未建立，加之消化腺分泌机能不全，对饲料的利用能力很差。同时，初生犊牛胃及肠壁上无黏膜，对细菌的抵抗力极弱，所以犊牛尤其是经家系选择确定的后备犊牛，在产后母牛舔干犊牛身上胎水后，最迟不超过产后 1 h 就应辅助其采食母牛的初乳。因为初乳（产后 7 d 内母牛所产乳）有较高的酸度，可促使胃液酸度提高，从而有效抑制有害细菌的繁殖。同时，初乳内含有大量溶菌酶和抗体，如 γ-球蛋白等，溶菌酶可以杀死多种病菌，抗体蛋白也可抑制病菌的活动。另外，初乳中还含有大量的抗凝素，可凝结特殊的大肠杆菌，有利于犊牛肠道内正常菌群的建立。初乳内含有大量钙镁离子，有轻泻作用，可促使胎粪的排出。初乳中含有丰富又易消化的养分、蛋白质、维生素 A 和维生素 D，均为常乳的几倍到几十倍，它对满足后备牛早期发育、刺激胃肠道消化、分泌大量消化酶、促进胃肠机能的早期活动均有重要作用。

后备牛采食初乳，一般可让其自由采食。如因特殊原因使后备牛采食其他母牛初乳或初乳冻干品时，应按时间顺序进行，即生后第几天采食第几天的初乳。除了特别优秀的后备牛在哺乳期采食常乳外，通常可使用人工乳进行培育。在农村，杂交牛的后备牛大多自由采食母乳，无母牛的情况下可应用奶山羊乳进行培育。

2. 称重、编号及分组　不论是群养还是单头饲养，杂交牛的后备牛生后 1 h 内应做称重记录，以后每月 1 次直至 6 月龄断奶。周岁和 1.5 岁各称 1 次，2～5 岁每年称 1 次。

编号对于群养的后备牛有实际意义，可采用打耳标、戴耳环的办法，也可采用液氮冻号或烙铁烙号，各场户可视自己的具体条件处理，时机掌握在组群前。

适时分组对于后备牛的管理非常有必要。分组主要目的是了解不同性别、不同年龄的后备牛营养需求，各场可视本场规模及饲养管理方式具体处理，一般原则是公母分开、大小分开。

体重差距可按断奶牛±30 kg，1 岁牛±50 kg，1.5 岁牛±80 kg 掌握。

组群不宜过大，哺乳牛每群 4～5 头，断奶牛每群 20～25 头，1 岁牛每群 30～35 头，1.5 岁牛每群 40～45 头。

3. 补饲及日常管理　后备牛 7 日龄后即可开始训练采食精饲料，15 日龄训练采食青草，25～30 日龄训练采食干草，至 2 月龄时使后备母牛适应植物性饲料，并于 3 月龄时过渡到以植物性饲料营养为主。单圈舍饲牛可在牛圈内悬吊优质青草如鲜苜蓿、胡萝卜叶诱饲，群养则设补饲栏，在栏内设精饲料槽和草架，让犊牛自由进出而限制母牛出入。采用氨化饲料和尿素补饲时，应设法控制 3 月龄前的后备犊牛，不让其采食尿素和氨化饲料（草）。

在后备牛饲养期间，冬季应注意防寒。可采用在牛舍窗口堆置饲草、门口悬挂草帘等措施提高牛舍温度；夏季利用树木遮阳，如无树木可在牛运动场内设置凉棚。

补饲精饲料或使用人工乳、羊乳培育后备牛的场户，每次牛采食后应先用干净湿布擦洗牛嘴后，再用干布擦口鼻，以防互相舐毛形成食毛癖。

运动对于后备牛来讲必不可少，可让其自由活动。农户养的可让后备牛随母牛外出活动，但注意尽量不上公路或到爆响场所，以免受到惊吓而发生事故。

每天刷拭1~2次和抚摸后备犊牛、按摩乳房，不仅对于后备牛皮肤卫生、生长发育有好处，也对培养后备牛温驯性格有益。

4. 扎鼻圈、上笼头　后备牛断奶时应上夹板、系笼头，8~12月龄时应扎鼻圈或上鼻环，需要注意的是牛亦有记忆力，上鼻环、打号等有剧痛的工作应由兽医人员完成，饲养员最好不要进行，以免形成反抗性恶癖。

第四节　南阳牛犊牛及育成牛的饲养管理

犊牛指初生至断奶前这段时期的小牛。南阳牛的哺乳期通常为6个月，1月龄以内的犊牛主要以母牛的乳为营养来源，犊牛大约从2周龄开始学吃草料，以后随着瘤胃、网胃和瓣胃的快速发育，消化功能逐渐完善，采食的草料日益增加。

一、犊牛的饲养管理

（一）犊牛的饲养

1. 及早喂足初乳　初乳即母牛产后7 d内所分泌的乳。初乳蛋白质含量为14.3%，比常乳高3~4倍。其中免疫球蛋白含量高达5.5%~6.8%，犊牛食后可以极大地增强抗病能力；初乳中的镁盐含量比常乳高1倍，有助于犊牛胎粪的排出；初乳中含有丰富的维生素A和胡萝卜素，是犊牛生长发育和预防疾病不可缺少的。

犊牛出生后应尽快让其吃到初乳，肉牛一般自然哺乳，犊牛出生后，母牛舐干犊牛或擦干犊牛身体后，约在出生后30 min帮助犊牛站起，引导犊牛接近母牛乳房采食母乳，若有困难需人工辅助哺乳，若人工挤奶，应及时及早挤奶喂给犊牛。犊牛至少应吃足3 d的初乳。若母牛产后生病死亡，可由同期分娩的其他健康母牛代哺初乳,在没有同期母牛初乳的情况下也可喂给牛群中的常乳,但每天需补饲20 mL的鱼肝油,另给50 mL的植物油以代替初乳的轻泻作用。

2. 饲喂常乳 随母哺乳法、保姆牛法和人工哺乳法是主要的犊牛饲喂方法。

(1)随母哺乳法 让犊牛和其生母在一起,从哺喂初乳至断奶一直自然哺乳,为了给犊牛早期补饲,可在母牛栏旁设一犊牛补料栏。

(2)保姆牛法 选健康无病、母乳正常、乳头健康的同期分娩母牛(奶牛或肉牛)做保姆牛,再按每头犊牛日食4~4.5 kg乳量的标准选择数头年龄相近的犊牛固定哺乳,将犊牛和保姆牛关在隔有犊牛栏的同一牛舍内,每天定时哺乳3次,并注意在犊牛栏内设水槽,以利于补饲。

(3)人工哺乳法 新生犊牛结束5~7 d的初乳期后可人工哺喂常乳,哺乳时可先将有牛乳的小桶放在热水中加热(若在锅内直接煮沸会影响蛋白质的凝固和酶的活性),待冷却至38~40℃时哺喂,5周龄内每日喂3次,6周龄以后喂2次。

3. 犊牛的补饲技术 犊牛哺乳期间完全依靠母乳生长发育,随着年龄增长,体重加大,母牛泌乳期延长,完全依靠母乳已不能满足其营养需要,犊牛便开始采食植物性饲料,及早采食植物性饲料是促进犊牛瘤胃发育和健康成长的关键。犊牛出生后1周即可食用适口性良好的混合粉料,可让其自由舔食。2周后即可在食槽内放些优质干草和青贮饲料,这可为以后耐粗性打下基础,如干草充沛供应,尽量多喂干草而不喂青贮饲料,在夏秋青草季节,用优质青草喂犊牛。随着植物性饲料的食入,应及早给犊牛人工接种健康母牛的瘤胃内容物,以促使瘤胃微生物区系的建立。

(二)犊牛的管理

1. 称初生重 登记犊牛卡片,记录犊牛性别、出生日期、毛色及特征、父母牛号和出生重等。

2. 保温防寒和防暑降温 冬季严寒风大,应注意犊牛舍的保暖,防止贼风侵入,犊牛栏内要铺柔软、干净的垫草,保持舍温在0℃以上。夏季温度、湿度较高,蚊、蝇较多,勤换垫料及必要的降温措施是保证犊牛健康的关键。

3. 去角　给育肥用的犊牛和群饲的牛去角有利于管理。去角有电烙法和氢氧化钠法两种。电烙法是在犊牛 30 日龄左右，先将电烙铁加热至一定温度，然后保定犊牛，把电烙铁牢牢地压在犊牛角基部直到角基周围皮肤呈古铜色，再涂以青霉素或硼酸粉。氢氧化钠法是在犊牛 10 日龄前进行，在角基周围涂以凡士林，然后用镊子夹着棒状氢氧化钠或氢氧化钾在角基上摩擦，直到表皮脱落、角基原点破坏至表皮有微量血渗为止。伤口未变干前不让犊牛吃奶，防止腐蚀母牛乳房皮肤。

4. 运动与放牧　犊牛 7 日龄开始就应牵到户外自由运动，运动时间的长短及运动量可根据环境温度掌握，有条件的地方生后第 2 个月可放牧。40 日龄以前的放牧犊牛采食青草量很少，此时以运动为主，运动对促进犊牛的采食和健康发育都很重要，运动场内或放牧场内要备足清洁的水，夏季应有遮阳条件。

5. 断奶　犊牛在 4～6 月龄时体重超过 100 kg 以上，已能够利用一定的精饲料及粗饲料，可采用逐步断奶法断奶，将母子分开，即将犊牛移入断奶牛舍，最初可隔 1 d 吃 1 次母乳，而后 2 d 吃 1 次，到 10 d 左右完全离乳。母牛断奶前 1 周开始减少其精饲料及青绿饲料的用量，使其不再泌乳。

二、育成牛的饲养管理

育成牛指犊牛断奶至第一次配种的母牛或做种用之前的公牛。育成牛不直接生产产品，也不易患病，但要重视其生长发育。育成牛在断奶之后，骨骼、肌肉和消化器官都迅速生长，这一阶段也是性成熟及母牛需要为初配、初孕做准备的时期，饲养管理应给予足够的重视。

1. 育成牛的饲养　对于作为繁殖用的后备小母牛应以自由采食的方式饲养，日粮中应供给充足的蛋白质、矿物质和维生素。育成母牛可根据饲养标准中生长母牛的营养需要去配合日粮，可用较好的饲草与精饲料搭配饲喂。断奶后的小母牛对天然蛋白质的吸收率很高，可选用大豆饼粉，必要时可补给少量的尿素或非蛋白氮，但每天用量不超 45 g，为了使小母牛的骨骼正常发育，日粮中至少有 10 g 的钙和磷。从断奶到周岁前，育成母牛的日粮应以青粗饲料为主，适当补喂精饲料，刚断奶时精饲料可占日粮总营养成分的 60%，随着年龄的增长，到周岁可减到 20%～30%。留种的育成公牛应控制粗饲料的采食量。育成公牛的生长发育比母牛快，特别需要以补精饲料的形式提供营养，以促进其生长发育和性欲的发展。对育成公牛的饲养应在满足一定量精饲料供应的基础上，让其自由采食优质的精、粗饲料。12 月龄，粗饲料以青草为主时，精、粗饲料占饲料干物质的比例为 55：45；以干草为主时，其比例为 60：40；在喂豆料或禾本科优质牧草情况下，对于周岁以上育成公牛混合精饲料中粗蛋白质的含量以 12％为宜。

2. 育成牛的管理

（1）育成母牛一般在 18 月龄左右、体重达到成年体重的 70％开始配种。若饲养条件好，生长发育较好的育成母牛也可在 15～16 月龄开始配种。

（2）育成公、母牛合群饲养的时间以 4～6 个月为限，以后应分群饲养，因为公、母牛生长发育和营养需要是不同的。

（3）育成公牛应在 8～10 月龄戴鼻环，第一次戴的鼻环宜小，以后随年龄的增长更换较大的鼻环。14 月龄后试采精，进行精液品质检查，到 18 月龄每周采精 2 次，并与母牛做配种试验。

（4）舍饲牛的运动是增强体质的一项重要措施，每天要有 2～3 h 的运动量。加强刷拭，注意饮水，牛舍环境卫生及防寒、防暑也是必不可少的管理工作。除此之外，育成牛要定期称重，以检查饲养情况，及时调整日粮。做好母牛的发情、防疫检疫及体尺、体重的记录工作。

第五节　南阳牛育肥技术

南阳牛育肥的目的是科学地应用饲料和管理技术，以减少饲养成本，获得最高的产肉量和营养价值高的优质肉，本节结合生产实际需要，主要介绍犊牛育肥、青年牛育肥、架子牛的快速育肥等技术。

一、南阳牛育肥原理

育肥又称过量饲养，即为了尽快使牛达到育肥目的，提供的营养物质高于正常生长发育需要。不同生长阶段的牛对营养物质的需要不一样。幼龄牛增重部分主要是骨骼、肌肉和内脏，所以饲料中蛋白质要高一些，而且犊牛育肥期较长，要拖到 1 年以后。成年牛育肥期增重主要是脂肪，应供给充足的能量，所以成年牛育肥仅需 3 个月左右。牛在育肥期的营养状况对产肉量和肉质有较大影响，只有育肥度很好的牛，其肉量和肉质才是最好的。

二、犊牛的育肥

犊牛育肥是指犊牛生后 6 个月内完全用全乳、脱脂乳或代用乳或用较多数量的牛乳及精饲料饲喂犊牛。

1. 犊牛的选择　一般选择初生重不低于 35 kg、健康状况良好的初生公犊，体型方面要求头方大、蹄大、前管围粗壮的公犊。

2. 犊牛的饲养管理　小牛肉指犊牛出生后 12 月龄以前体重达 450～500 kg 的仔牛所产的肉；出生后 3 月龄以内、体重达 100 kg 左右，完全用全乳、代用乳或脱脂乳培育的犊牛所产的肉称小白牛肉。小牛肉和小白牛肉在发达国家已较早普及，这主要是因为小牛肉和小白牛肉富含水分，鲜嫩多汁，蛋白质含量比一般牛肉高 27.2%～63.8%，脂肪含量却低很多，而各种人体所必需的氨基酸和维生素齐全，因此广泛受到人们的欢迎。代用乳配方的营养成分：粗蛋白质 30% 以下，粗脂肪 16% 以上，粗纤维 1% 以下，粗灰分 8% 以下，钙 0.25% 以上，磷 0.25% 以上。可消化养分总量 80% 以上，可消化粗蛋白质 30%。其中含 9 种微量元素添加剂，动物性饲料 84%，其他 16%。

三、青年牛的育肥

（一）持续育肥

这种育肥方法提供的牛肉鲜嫩多汁，脂肪少，仅次于小白牛肉，而每头牛提供的牛肉比犊牛育肥增加 15%，但育肥成本大、消耗精饲料多。育肥牛日粮主要是粗饲料和精饲料，按干物质计，精粗比例为 1∶（2～3），供给育肥牛的饲料总量按干物质计为活体重的 2% 左右。持续育肥按不同饲养方式可分为舍饲持续育肥、放牧补饲育肥、谷类饲料育肥等。

1. 舍饲持续育肥　适合于专业化的育肥场。常用的舍饲方法为育肥期采用高营养饲喂法，使牛日增重维持在 1.2 kg 左右，周岁时结束育肥，活重达到 400 kg 以上。

喂精饲料时应先取酒糟用水拌湿，再加麸皮、玉米粉和食盐等，采食到最后时加入少量玉米粉，使牛把料吃净，饮水温度控制在 20～30 ℃，一般于给料后 1 h 左右进行。

2. 放牧补饲育肥　适合于牧区就地育肥。犊牛断奶后，以放牧为主，适当补充精饲料或干草，使其在 18 月龄体重达 400 kg。这种育肥方式减少了精饲料的消耗，每增重 1 kg 约消耗精饲料 2 kg，但日增重一般小于 1 kg。

放牧补饲应注意的问题是不要在出牧前或断奶后立即补料，否则会减少牛放牧时的采食量，夏季应在清早和阳光不强时出牧，冬季应在上午太阳出来温度升高时出牧。

3. 谷类饲料育肥法　谷类饲料育肥法是一种强化育肥方法，使牛不到周岁时活重达 400 kg 以上。用谷类饲料育肥法催肥，即由粗饲料提供的营养改为谷类和高蛋白质精饲料。这种方法由于消耗成本大，即使用糟渣料、尿素和无机盐等为主的日粮，每千克增重仍需 3 kg 精饲料，因此不可取。

当补充非蛋白氮（尿素）以提高日粮粗蛋白质水平时，其用量不得超过精饲料量的 3%，喂时宜干喂，喂后饮水。此外，后期为提高催肥效果可使用瘤胃素，每日 200 mg 混于精饲料中饲喂，体重可增加 10%～20%。

（二）架子牛的快速育肥

架子牛指犊牛断奶后，前期以粗放饲养为主，待体重达到 300 kg 时采用强度育肥，短期便达到上市体重的育肥方法。这种方法育肥成本低、消耗饲料少、经济效益高，是一种受广大群众欢迎的肉牛育肥法。架子牛根据年龄可分为犊牛（年龄不超过 1 岁）、1～1.5 岁和 1.5～2 岁，3 岁或 3 岁以上的牛很少用作架子牛，因此不是所有的牛都可当作育肥个体，要对架子牛有所选择。要选良种肉牛或肉乳兼用牛与南阳牛的杂交牛，充分利用杂种优势，在相同的育肥条件下，杂种牛的日增重、饲料利用率、肉质量、屠宰率和经济效益均比较好。

架子牛的育肥主要有酒糟育肥法、青贮饲料育肥法、氨化秸秆育肥法和高能日粮强度育肥法。

1. 酒糟育肥法　饲喂酒糟时一定要先喂干草、青贮秸秆，最后喂精饲料，喂料后 1 h 饮水，育肥牛要求喂精饲料 5～6 kg，另外再添加 0.002%～0.003% 的莫能菌素及 0.5% 碳酸氢钠，同时补以维生素 A 和食盐较好。

2. 青贮饲料饲喂法　青贮玉米秸秆是育肥肉牛的好方法之一，优质青贮玉米消化率很高，干物质消化率可达 70%。试验表明用以青贮玉米为主的日粮饲喂肉牛可达到较高的日增重（0.67 kg），250 kg 育肥牛每日喂青贮玉米 15 kg、干草 3 kg、混合精饲料 2.5 kg，2 个月出栏体重达到 300 kg。即使不加精饲料单独饲喂青贮玉米，200 kg 的育肥牛也能达到较高的日增重。饲喂青贮玉米时要求喂量由少到多，犊牛习惯后再增加喂量，同时添以 10～15 g 硫酸氢钠减少有机酸的危害。

3. 氨化秸秆育肥法　将农作物秸秆经过氨化可提高秸秆的营养价值，改善饲料的适口性和消化率。让牛自由采食氨化秸秆，补以适量精饲料可达到肉牛增重的目的，但由于这是一种低精饲料、高粗饲料的饲养模式，育肥时间较长，因此它不适合周转快、早出栏的规模饲养模式。对体重大的架子牛，如果选择氨化秸秆作为基础粗饲料，补以适量青绿饲料和优质干草，适当加大精饲料比例，可达到短期快速育肥的目的。精饲料配合比例是：玉米 65.9%、麸皮 20%、豆饼 9.3%、骨粉 1%、贝壳粉 2.5%、矿物质和维生素添加剂0.5%、食盐 0.8%。制作氨化秸秆饲料以玉米秸最好，其次是麦秸，最差的是稻草。

4. 高能日粮强度育肥法　这是一种高精饲料、低粗饲料的育肥方法，对于体重 200～300 kg、年龄 1.5～2 岁的架子牛，要求日粮中精饲料比例不低于70%，15～20 d 或 1 个月为过渡期，使牛适应。例如对于 1.5～2 岁、体重300 kg 左右的架子牛，可分为三期进行育肥。前期主要是过渡期，为 15～20 d，精粗比例可控制为 40：60，精饲料日喂量 1.5～2 kg；中期一般 2 个月左右，精粗饲料比为 65：35，精饲料日喂量增加到 3～4 kg；后期一般为 1 个月，精粗比 75：25，精饲料日喂量增加到 4 kg 以上，精饲料比例为：玉米粉 75%～80%，麸皮 5%～10%，豆饼 10%～20%，食盐 1%，添加剂 1%。通常情况下，牛的粗饲料为氨化秸秆或青贮玉米秸，自由采食。要求减少牛的运动，注意环境卫生和安静。此外，由粗饲料型向精饲料型过渡时要实行一日多餐，防止育肥牛胃臌胀或腹泻，经常观察牛的反刍情况，保证充足的饮水。架子牛的催肥期切忌牛饲料精粗各半组合，否则会降低精饲料消化率、延长饲养期。

四、成年牛的育肥

即淘汰牛的育肥。淘汰牛即牛群中丧失劳役或产奶或繁殖能力的老、弱、瘦、残牛。如果这类牛不经育肥就屠宰，则产肉少、肉质差、效益低，如果将这类牛短期育肥，可提高屠宰率和净肉率，增加肌肉纤维间的脂肪含量，改善肉的味道和嫩度，提高经济效益。

对成年牛育肥之前应有所选择，淘汰那些过老、过瘦采食困难的牛以及一些无法治愈或经常患病的牛，否则它们只会浪费劳力和草料得不偿失。挑选完后备育肥牛后，进行驱虫、健胃、编号，以掌握育肥效果，育肥期一般以 2 个月较好。育肥牛日粮要求有较高的能量物质，初期可采用增重低的营养物质饲喂作为过渡期，以防引起弱牛、病牛或膘情差的牛消化紊乱，待短期适应后逐渐调整配方。精饲料参考配方：玉米 72%，棉籽饼 15%，麸皮 8%，骨粉 1%，食盐 1%，添加剂 2%，尿素 1%。精饲料日喂量以体重的 1% 为宜，用此配方育肥杂交去势牛可获得 1.5 kg 的日增重，育肥期间粗饲料为青贮玉米或氨化秸秆，自由采食。南阳地区农民采取一驱（驱虫）、二补（补料、补尿素）、三短（短草、短期、短绳）的方法，舍饲数月精心管理，取得了较好效果。牛的育肥不仅与饲养有重大关系，管理也是不可忽略环节。例如春、秋季育肥不仅温度适宜，而且饲草丰富、牛的采食量也较大，能取得较快的育肥效果；驱虫、育肥牛年龄、体重的选择及每日的正常饲养都很重要。

第七章
南阳牛疾病防控

第一节 概 述

牛场消毒的目的是消灭传染源，切断传播途径，阻止疫病蔓延。牛场应建立切实可行的消毒制度，定期对生活区、生产区、污水等进行消毒和无害化处理。

（1）生活区办公室、食堂、宿舍及其周围环境每月消毒。

（2）生产区饲料库及饲料加工车间每生产1次，或进出1次饲料及原料需消毒1次。

（3）各区正门消毒池每月至少更换池水、消毒药2次，保持有效的浓度。

（4）进入生产区的车辆必须彻底消毒，随车人员消毒同生产人员消毒一样。

（5）生产区环境、生产区道路及两侧5 m范围内、牛舍间空地每月至少消毒2次。

（6）牛舍、牛群除保持通风、干燥、冬暖夏凉外，平时要作为消毒的重点区域。一般分两步进行：第一步先进行机械清扫；第二步用消毒液消毒。每周至少消毒1次。

（7）人员消毒 进入牛舍人员必须通过消毒池进行靴鞋消毒，并使用消毒液对手部进行消毒。

（8）粪便的生物发酵处理 粪便多采用生物热发酵处理，即在距离牛场100～200 m以外的地方设堆粪场，将牛粪堆积起来，喷少量水，上面覆盖10 cm左右的湿泥封严，堆放发酵30 d以上即可用作肥料。

（9）污水的无害化处理　牛场应设专门的污水处理池，加入化学药品（如漂白粉或其他氯制剂）进行消毒。用量视污水量而定，一般 1 L 污水用 2～5 g 漂白粉。

第二节　南阳牛消毒与防疫

要严格执行防疫、检疫及其他兽医卫生制度。定期进行消毒，保持清洁卫生的饲养环境，防止病原微生物的增加和蔓延，经常观察牛的精神状态、食欲、粪便等情况；及时防病、治病，按计划免疫接种，制订科学的免疫程序。对断奶犊牛和育肥的架子牛要及时驱虫保健，及时杀死体表寄生虫。要定期坚持牛体刷拭，保持牛体清洁。夏季注意防暑降温，冬季注意防寒保暖。定期进行称重和体尺测量，做好必要的记录工作，做到牛耳标号与档案号相符一致。

一、消毒

（一）消毒剂的选择

应选择对人畜和环境比较安全、没有残留毒性，对设备没有破坏和在牛体内不产生有害积累的消毒剂。可选用的消毒剂有次氯酸盐、有机氯、有机碘、过氧乙酸、生石灰、氢氧化钠、高锰酸钾、硫酸铜、新洁尔灭、酒精等。

1. 碱类消毒药　包括氢氧化钠、生石灰及草木灰，它们都是直接或间接以碱性物质对病原微生物产生杀灭作用。消毒原理是：水解病原菌的蛋白质和核酸，破坏细菌的正常代谢，最终达到杀灭细菌的效果。

氢氧化钠对纺织品及金属制品有腐蚀性，故不宜对以上物品进行消毒，而且对于其他设备、用具在用氢氧化钠消毒半天后，要用清水进行清洗，以免烧伤牛的蹄部或皮肤。

新鲜的草木灰含有氢氧化钾，通常在雨水淋湿之后能够渗透到地面，常用于对牛饲养场地的消毒，特别是对野外放养场地的消毒。这种方法既可以清洁场地，又能有效地杀灭病原菌。

生石灰在溶于水之后变成氢氧化钙，同时又产生热量，通常配成 10%～20% 的溶液对牛场的地板或墙壁进行消毒。另外生石灰也可用于对病死牛无害化处理，其方法是在掩埋病死牛时先撒上生石灰粉，再盖上泥土，能够有效地杀死病原微生物。

2. 强氧化剂型的消毒药　常用的有过氧乙酸及高锰酸钾，它们对细菌、芽孢和真菌有强烈的杀灭作用。

过氧乙酸消毒时可配成 0.2%～0.5% 的溶液，对牛栏舍、饲料槽、用具、车辆、食品车间地面及墙壁进行喷雾消毒，也可以带牛消毒，但要注意现配现用，因为它容易氧化。高锰酸钾是一种强氧化剂，遇到有机物即起氧化作用，因此不仅可以消毒，又可以除臭，低浓度时还有收敛作用，牛饮用常配成 0.1% 的溶液，治疗胃肠道疾病；0.5% 的溶液可以消毒皮肤、黏膜和创伤，用于洗胃和使毒物氧化而分解，高浓度时对组织有刺激和腐蚀性；4% 的溶液通常用来消毒饲料槽及用具，效果显著。

3. 新洁尔灭　是一种阳离子表面活性剂型的消毒药，既有清洁作用，又有抗菌消毒效果，它的特点是对牛组织无刺激性，作用快、毒性小，对金属及橡胶均无腐蚀性，但价格较高。0.1% 溶液用于器械用具的消毒，0.5%～1% 溶液用于手术的局部消毒。但要避免与阴离子表面活性剂如肥皂等共用，否则会降低消毒的效果。

4. 有机氯消毒剂　包括漂白粉等。它们能够杀灭细菌、芽孢、病毒及真菌，杀菌作用强，但药效持续时间不长。主要用于牛栏舍、栏槽及车辆等的消毒。另外漂白粉还用于对饮水的消毒，但氯制剂有对金属有腐蚀性、久贮失效等缺点。

5. 复合酚　又名消毒灵、农乐等，可以杀灭细菌、病毒和霉菌，对多种寄生虫卵也有杀灭效果。主要用于牛栏舍、设备器械、场地的消毒，杀菌作用强，通常施药 1 次后药效可维持 5～7 d。但注意不能与碱性药物或其他消毒药混合使用。

6. 双链季胺酸盐类消毒药　如百毒杀，它是一种新型的消毒药，具有性质比较稳定、安全性好、无刺激性和腐蚀性等特点。百毒杀能够迅速杀灭病毒、细菌、真菌及藻类致病微生物，药效持续时间约为 10 d，适合于饲养场地、栏舍、用具、饮水器、车辆等的消毒，另外也可用于对存有活牛场地的消毒。

（二）消毒方法

1. 喷雾消毒　用一定浓度的次氯酸盐、过氧乙酸、有机碘混合物、新洁尔灭等。用喷雾装置进行喷雾消毒，主要用于牛舍清洗完毕后的喷洒消毒、带牛环境消毒、牛场道路和周围及进入场区的车辆消毒。

2. 浸润消毒 用一定浓度的新洁尔灭、有机碘的混合物的水溶液洗手、洗工作服或胶靴。

3. 紫外线消毒 对人员入口处常设紫外线灯照射以起到杀菌效果。

4. 喷撒消毒 在牛舍周围、入口、产床和牛床下面撒生石灰或氢氧化钠杀死细菌和病毒。

（三）消毒制度

1. 环境消毒 牛舍周围环境包括运动场，每周用 2% 氢氧化钠消毒或撒生石灰 1 次；场周围及场内污水池、排粪坑和下水道出口每月用漂白粉消毒 1 次。在大门口和牛舍入口设消毒池，消毒池内使用 2% 的氢氧化钠溶液。

2. 人员消毒 工作人员进入生产区应更衣和紫外线消毒 3～5 min，工作服不应穿出场外。

3. 牛舍消毒 牛舍在每班牛下槽后应彻底清扫干净，定期用高压水枪冲洗，并进行喷雾消毒和熏蒸消毒。

4. 用具消毒 定期对饲喂用具、料槽和饲料车等进行消毒，可用 0.1% 新洁尔灭或 0.2%～0.5% 的过氧乙酸消毒，日常用具如兽医用具、助产用具、配种用具等在使用前应进行彻底消毒和清洗。

5. 带牛环境消毒 定期进行带牛环境消毒有利于减少环境中的病原微生物。可用于带牛环境消毒的药物有 0.1% 的新洁尔灭、0.3% 的过氧乙酸、0.1% 次氯酸钠，可减少传染病和蹄病的发生。带牛环境消毒应避免消毒剂污染到饲料中。

6. 其他消毒 助产、配种、注射治疗及任何对牛进行接触操作前，应先将牛有关部位如乳房、阴道口和后躯等进行消毒擦拭，以保证牛体健康。

（四）消毒时间

购买牛前 1 周对圈舍及其周边进行一次彻底消毒，杀灭所有病原微生物。

定期消毒：病原微生物的繁殖能力很强，要对牛圈舍及其周围环境进行定期消毒。规模养殖场一般都有严格的消毒制度和措施，而普通农户养殖数量较少，一般每月消毒 1～2 次。

出栏后消毒：牛出栏后，牛舍内外病原微生物较多，必须进行一次彻底清洗和消毒。消毒牛舍的地面、墙壁及其周边，所有的粪便要集中成堆让其发酵，所有养殖工具要清洗和药物消毒。

高温时加强消毒：夏季气温高，病原微生物极易繁殖，是牛疾病的高发季节。因此，必须加大消毒强度，选用广谱高效消毒药物，增加消毒频率，一般每周消毒不得少于1次。

发生疫情紧急消毒：牛发生疫病往往引起传染，应立即隔离治疗，同时迅速清理所有饲料、饮水和粪便，并实施紧急消毒，必要时还要对饲料和饮水进行消毒。当附近有牛发生传染病时还要加强免疫和消毒工作。

二、免疫和检疫

牛场应根据《中华人民共和国动物防疫法》及配套法规的要求，结合当地实际情况，有选择地进行疫病的预防接种工作，并注意选择适宜的疫苗、免疫程序和免疫方法。每年至少需接种炭疽疫苗2次、口蹄疫疫苗2次。

第三节　南阳牛常见疾病及防治

一、牛前胃弛缓

牛前胃弛缓被中兽医称为脾虚，是以前胃神经的兴奋性降低、收缩力量减弱导致的消化机能紊乱为特征的一种疾病。临床表现为食欲、反刍、嗳气紊乱，前胃蠕动音减弱或停止，常伴有一定酸中毒。多发于长期舍饲牛。在冬末春初饲料缺乏时最为常见。

（一）病因

引起前胃弛缓的原因主要是饲养和管理不当，归纳起来主要有以下几方面：

（1）牛的体质及全身状况，尤其是神经状态与本病的发生有着重要的关系。如体质衰弱、运动不足、使役过度、缺乏光照、饲料和环境突变或其他不良刺激作用于神经系统时，均可导致本病的发生。

（2）长期的过度、过弱或单调刺激等使瘤胃的兴奋性降低，可导致前胃弛缓。如长期饲喂粗硬、劣质、难以消化的饲料且饮水不足；饲喂柔软、刺激性小或缺乏刺激性的饲料；长期饲喂单一劣质粗饲料，饲料缺乏矿物质或维生素等。

（3）本病可继发于某些传染病、寄生虫病、中毒病和某些普通病等。如流行热、肝片吸虫病、酮血病、骨化软症、瘤胃积食、瘤胃酸中毒、创伤性网胃炎、瓣胃阻塞、皱胃变位、瘤胃臌气、难产等可引起继发性前胃弛缓。

（二）症状

1. 急性型　表现为前胃消化不良，出现食欲减退甚至废绝，只吃青贮饲料、干草而不吃精饲料，或吃料而不吃草，反刍缓慢或停止，瘤胃蠕动音减弱，蠕动次数减少，时而嗳气，瘤胃充满内容物、坚硬，粪便干硬或腹泻，色暗黑附有黏液。重症可出现脱水和酸中毒，鼻镜干燥，眼球下陷，呻吟，可视黏膜发绀，肢体末梢发凉，反刍、食欲废绝，呼吸、脉搏加快，精神高度沉郁，最终衰竭，甚至死亡。

2. 慢性型　多为继发性的病理过程，或由急性型转变而来。症状时轻时重，病程长，有异嗜现象。触诊内容物松软或干硬，粪便多为干稀交替，色暗有恶臭。病牛日渐消瘦，被毛粗乱，皮肤弹性减弱，贫血，后卧地不起，体温下降。后期伴发瓣胃阻塞，精神高度沉郁，鼻镜龟裂，终因自体中毒衰竭而死亡。

（三）病理剖检

瘤胃和瓣胃胀满，皱胃下垂，其中瓣胃容积甚至增大 3 倍，内容物干燥，可捻成粉末状；瓣叶间内容物干涸，形成胶合板状，其上覆盖脱落上皮及成块瓣叶。瘤胃和瓣胃黏膜潮红，有出血斑，瓣叶组织坏死、溃疡和穿孔。有的病例有局限性或弥漫性腹膜炎及全身败血症等病变。

（四）诊断

根据病史、食欲减少、反刍与嗳气缺乏、前胃蠕动音减弱及轻度臌气等临床症状，可做出初步诊断。实验室检查，瘤胃液 pH 在 5.5 以下，棉线消化断裂时间大于 50 h；瘤胃内纤毛虫数每毫升低于 100 万个或消失。

临床上应注意与酮血症、皱胃变位、瘤胃积食等相区别。此外，应注意是原发性还是继发性前胃弛缓。

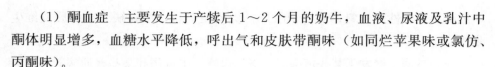

（1）酮血症　主要发生于产犊后 1～2 个月的奶牛，血液、尿液及乳汁中酮体明显增多，血糖水平降低，呼出气和皮肤带酮味（如同烂苹果味或氯仿、丙酮味）。

（2）瘤胃积食　多因过食引起，触诊瘤胃疼痛不安，瘤胃内容物充满、坚硬，瘤胃膨大，回头观腹，口腔润滑，尿量少或无尿，流涎，空嚼，后肢踢腹。

（3）创伤性网胃炎　臌胀时前胃弛缓是间歇性的，而创伤性网胃炎是周期性的；病牛姿势异常，站立时肘头外展，左肘后部肌肉颤抖，多取前高后低姿势；起立时多先起前肢，卧地时表现很小心；体温中度升高，网胃区触诊有疼痛反应，颌下、胸腹下水肿，药物治疗无效。

（4）皱胃变位　奶牛通常于分娩后突然发病，左腹胁下可听到特殊的金属音。

（5）瓣胃阻塞　瓣胃区疼痛，蠕动音初减弱后消失，鼻镜干燥甚至龟裂。瓣胃穿刺可感到内容物硬固，瓣胃内的液体一般不会由穿刺针孔自行流出。

（6）迷走神经消化不良　无热征，瘤胃蠕动音减弱或增强，肚腹臌胀。

（五）防治

1. 预防　主要是加强饲养管理：

（1）每天按摩瘤胃数次，做适当牵引运动，以恢复胃肠机能。

（2）坚持合理的饲养管理制度，做到定时、定量、定质饲喂。确实需要改变时要逐渐过渡。

（3）注意饲料选择、保管和加工调制，防止霉败变质。

（4）繁忙季节不能劳役过度；休闲季节注意适当运动。

（5）注意牛舍清洁卫生和通风保暖，保持安静，避免奇异光、声、色等不利因素的刺激和干扰。

（6）对于继发性前胃疾病要及时治疗。

2. 治疗　治疗的原则是加强护理，增强瘤胃机能。

（1）饥饿疗法　初期绝食 1～2 d，每天人工按摩瘤胃数次，每次 10～20 min，给予少量易消化饲料。

（2）药物疗法　提高瘤胃神经兴奋性可用牛磺酸益食针，每 100 kg 体重 10 mL，肌内注射，效果良好。

病牛便秘且出现臌胀现象时，内服硫酸镁 300～500 g，石蜡油或植物油 500～1 000 mL，鱼石脂 10～20 g 及温水 600～1 000 mL。也可内服稀盐酸 15～30 mL，75％酒精 60 mL，煤酚皂液 10～20 mL 及蒸馏水 500 mL。

皮下注射毛果芸香碱 0.05～0.15 g 或新斯的明 0.02～0.06 g 或氨甲酰胆碱 1～2 mg，可 2～3 h 重复注射 1 次；内服槟榔末 30～40 g 或酒石酸锑钾 1～8 g，1 次/d，连用 1～3 d。

用 10％氯化钠 300 mL、5％氯化钙 100 mL、10％安钠咖 20 mL，静脉注射，连用 1～2 次，同时皮下注射硝酸士的宁 0.015～0.05 g，效果更好。

为了改善瘤胃内环境，提高纤毛虫活力，将健康牛反刍的食团数十个喂给病牛，或用胃管吸取健康牛的瘤胃液喂给病牛，或从屠宰场取得瘤胃内容物（保存于温水桶中）喂给病牛，或内服碳酸氢钠，30 g/次。

病牛食欲废绝时可静脉注射 25％葡萄糖溶液 500～1 000 mL，1～2 次/d；继发胃肠炎时可口服黄连素 1～2 g，3 次/d。

因酸中毒出现心衰时可静脉滴注等渗糖盐水 1 000～2 000 mL、5％碳酸氢钠溶液 1 000～2 000 mL 和 10％安钠咖 20 mL，有良好效果。

在病的恢复期内服健胃剂，如酒石酸锑钾 6 g、番木鳖粉 1 g、干姜粉 10 g、龙胆粉 10 g 混合内服，1 次/d；或龙胆粉、干姜粉、碳酸氢钠各 200 g，番木鳖粉 16 g，充分混合，分成 8 份，牛内服 1 份/次，每日 2 次。

（3）中药疗法　着重健脾和胃，以补中益气为主。

党参 30～60 g，藜芦 10～25 g，水煎口服；或用白酒 200 mL、已发酵处理的面粉 200 g、红糖 200 g、水 1 000 mL，调和灌服。

健脾丸加减，党参、白术、茯苓、陈皮各 10～60 g，槟榔 25～30 g，六曲 120～150 g，甘草 20 g，共研末，开水冲调，待温灌服。属于虚寒者加豆蔻、干姜、小茴香以温中散寒；兼夹湿热者加龙胆草、黄连、茵陈以清湿热；兼夹寒湿者加藿香、厚朴、苍术以芳香化湿。此外，还可配合应用冷针、火针或电针脾俞穴等。

二、瘤胃积食

瘤胃积食也称瘤胃食滞症、急性瘤胃扩张，中兽医将其称为宿草不转，是由于瘤胃内积滞过多的饲料致使胃容积增大、胃壁过度伸张、运动功能障碍的疾病。老龄、体弱的舍饲牛最为多发。

（一）病因

主要是使役或饥饿后暴食所致。大致包括：

（1）采食大量难以消化的粗饲料，加之饮水不足而引起。

（2）采食大量适口易膨胀的干料，如大豆、玉米、稻谷饲料等，又饮水不足而引起。

（3）过劳、缺乏运动、饥饿、饲料突然更换、消化机能不好、机体衰弱也是发病的诱因。

（4）误食大量异物，如塑料布（袋）、麻包片、胶管、粗长绳子等也易发病。

（5）继发于前胃弛缓、瓣胃阻塞、创伤性网胃炎、皱胃变位等病程中。

（二）症状

过量采食难以消化、易膨胀的饲料所引起的瘤胃积食，食欲、反刍、嗳气减少或很快废绝，腹围增大，特别是左腹中、下部，触诊瘤胃充满、坚实，有时呈生面团状，有痛感，叩诊呈浊音，听诊瘤胃蠕动音减弱或废绝，病牛哞叫、呻吟、拱背、回头观腹、后肢踢腹、空嚼、起卧不安，常卧于右侧或呈犬坐姿势，排粪干少、色暗，有时排少量恶臭的稀便，尿少或无尿。压迫膈和胸腔时呼吸困难。后期肌肉震颤，步态不稳，运动失调。

过量采食大量豆谷类精饲料引起的瘤胃积食，食欲、反刍减少或废绝，可以从粪便或反刍物中发现大量豆谷类，有时出现臌气或腹泻。继而出现神经症状，视力障碍，盲目直行或转圈，重则狂躁不安，头抵墙壁或攻击人畜，或嗜睡卧地不起，出现严重脱水、酸中毒，故又称中毒性积食。

（三）病理剖检

尸检可见瘤胃内积有面团状的内容物，表现为干涸硬结，附有胃黏膜上皮，有恶臭味。瘤胃黏膜表层弥散性脱落，黏膜层弥散性潮红充血，严重病例有出血现象。肠道有不同程度的卡他性炎症。心、肝、肾等实质脏器可见变性变化。肺常见瘀血水肿。

（四）诊断

根据过食后发病和临床表现的症状可做出诊断。要注意与下列疾病相区别：

（1）前胃弛缓　腹围无明显的变化，瘤胃内容物常呈粥状，不断嗳气，并呈现间歇性瘤胃臌胀。

（2）急性瘤胃臌胀　相同点是肚腹显著胀满，呼吸困难，腹痛不安，反刍、食欲减弱或废绝；不同点是急性瘤胃臌胀病情发展急剧，瘤胃壁紧张而有弹性，叩诊呈鼓音，针刺瘤胃能放出气体。

（3）创伤性网胃炎　行动小心，姿态异常，触诊网胃有疼痛，嫌忌运动，周期性网胃臌胀用药物治疗不易改善。

（4）皱胃阻塞　瘤胃积液，左下腹部显著膨隆，皱胃冲击性触诊，病牛感到疼痛而退让，腰旁窝听诊结合轻叩倒数第1～2肋骨，呈现叩击钢管的铿锵音。

（5）瓣胃阻塞　相同点是食欲减退或废绝，鼻镜干燥，腹围增大，瘤胃蠕动音减弱或消失，粪便干少。不同点是触诊瓣胃区有疼痛感，有时表现不安，躲避检查，继发瓣胃小叶炎症及坏死时，体温升高，脉搏增数，鼻镜龟裂。

（6）牛黑斑病甘薯中毒　粗看症状与瘤胃积食相似，但呼吸用力而困难，鼻翼扇动，喘气急粗，皮下气肿，特征明显。

（五）预防

防止家畜贪食和暴食；对具有膨胀作用的饲料及饲草过于粗硬时，经过适当处理后再饲喂；改变饲料要有计划；加强运动，给予充足饮水，经常饲喂一定量的食盐。

（六）治疗原则

消除胃内积滞和增强瘤胃运动。

（1）轻症者，肌内注射牛磺酸益食针每头每次30～60 mL，每天1次，连用2～3 d，同时用草把按摩瘤胃，每30 min按摩1次，每次5～10 min，同时灌服酵母粉500 g、温水4 000 mL，效果良好。也可在口腔内横衔木棒，反射性地促进瘤胃蠕动、反刍和嗳气。

（2）用促反刍液（5%葡萄糖生理盐水500～1 000 mL，10%氯化钠注射液100～200 mL，5%氯化钙注射液200～300 mL，20%苯甲酸钠注射液10 mL）500～1 000 mL，一次静脉注射，同时可用新斯的明20～60 mg或氨甲酰胆碱

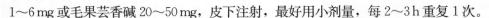
1～6 mg 或毛果芸香碱 20～50 mg，皮下注射，最好用小剂量，每 2～3 h 重复 1 次。

（3）排积缓泻可灌服硫酸镁或硫酸钠 100～800 g，松节油 30 mL，马钱子酊 15 mL，酒石酸锑钾 6 g，加水 1 000～8 000 mL 后一次内服；也可用石蜡油 1 000～2 000 mL，松节油 30 mL，马钱子酊 15 mL，酒石酸锑钾 8 g，一次内服（偷食大量精饲料的发病牛只能用油剂，不能用水剂药物，否则会加重病情）；或用硫酸钠 100 g，石蜡油 2 000 mL，松节油 30 mL，马钱子酊 15 mL，酒石酸锑钾 6 g，加水 4 000 mL，一次内服。

（4）用胃管向胃内灌入大量温水，然后再导出，如此反复进行，直到胃内食物大部分导出为止。但体质衰弱、呼吸困难者不宜进行。

（5）将瘤胃切开，掏空内容物，放入少量干草和清水，并接种健康牛的瘤胃液。接种不方便时不宜掏空，应留 1/3 瘤胃内容物。

（6）出现脱水、酸中毒时，特别是对过食豆谷类饲料引起的瘤胃积食，用等渗糖盐水或复方氯化钠注射液 8 000～10 000 mL，分 2～3 次静脉滴注，在每次滴注时可加入 10% 安钠咖 20 mL 和 5% 维生素 C 60 mL，效果更好。也可口服碳酸氢钠 100～200 g，或静脉注射 5% 碳酸氢钠 500～1 000 mL 或乳酸钠 200～400 mL。

（7）高度兴奋者可肌内注射氯丙嗪 300～500 mg，也可静脉注射水合氯醛酒精注射液 100～250 mL 或水合氯醛硫酸镁注射液 100～200 mL，缓慢注入。

（8）中药疗法　应用大承气汤加减方，大黄 90 g，芒硝 250 g，枳壳 60 g，厚朴 30 g，青皮、陈皮各 120 g，麦芽 250 g，山楂 90 g，槟榔 50 g，香附 30 g，水煎服。

①穿肠散，即大戟、甘遂、黄芪各 30 g，牵牛子、大黄、滑石（后冲）各 45～50 g，黄芩 20 g，共煎汁，加朴硝 100 g，猪油 50 g，一次调服。

②老南瓜 2～5 kg，切碎煮烂灌服；碳酸氢钠粉 250 g 加温水灌服，20 min 后再用芒硝 500 g 加水 5 L 一次灌服。

③和胃消食汤，即刘寄奴、枳壳、槟榔、茯苓、山楂各 50 g，木通、六曲、青皮各 30 g，厚朴、木香各 25 g，甘草 20 g，共煎水，候温灌服。

④食醋 100～150 mL，或大蒜 250 g，食盐 50～100 g，加水适量灌服。

三、瘤胃臌胀

瘤胃臌胀也称瘤胃臌气，是牛采食了大量易发酵产气的饲料，使瘤胃容积极度增大，压力增高，胃壁扩张，严重影响心肺功能而危及生命的一种疾病。临床上以左腹部隆起、腹围明显增大、呼吸困难、黏膜发绀、反刍和嗳气受阻为特征。按其发病原因可分为原发性瘤胃臌胀和继发性瘤胃臌胀；根据臌胀的性质可分为泡沫性瘤胃臌胀和非泡沫性瘤胃臌胀；按其经过则有急性和慢性之分。多发生于夏季放牧的牛。

（一）病因

主要是采食了大量易发酵产气的饲料，如带露水、霜水的青草、麦苗，苜蓿、三叶草、紫云英等豆科牧草，酒糟和冰冻的多汁饲料或变质发霉的饲料等。

继发于瘤胃积食、食管阻塞、创伤性网胃炎、瓣胃阻塞、皱胃积食、瘤胃与腹膜的粘连等疾病。除食管阻塞可发生急性瘤胃臌气外，其他疾病引起的瘤胃臌气多为慢性经过。

（二）症状

常于采食中或采食后突然发病。病牛左腹部充气胀满，甚至高出脊背，反刍和嗳气停止，发出"吭吭"的呻吟声，呼吸困难，头颈伸展，舌伸出、流涎，叩诊瘤胃呈鼓音，听诊瘤胃蠕动音减弱，触诊瘤胃紧张有弹性。病牛惊恐不安，回头观腹，后肢踢腹，可视黏膜发绀，心跳亢进，严重者倒地痉挛死亡。继发性胃瘤臌气发病缓慢，症状时好时坏，对症治疗后症状有时缓解，但如果原发性瘤胃臌气不愈，臌气呈周期性反复发作，病程可达数周。消瘦，衰竭，便秘和腹泻交替发生。

（三）病理剖检

死后即剖检，瘤胃内有大量气体及含泡沫状内容物。死后数小时剖检，瘤胃内容物无泡沫，间或有瘤胃或膈肌破裂。瘤胃腹囊黏膜有出血斑，甚至黏膜下瘀血，角化上皮脱落。肺脏充血，肝脏和脾脏被压迫呈贫血状态；浆膜下出血等。

（四）诊断

急性病例根据采食过量易发酵产气饲料及特征性的臌气症状可确诊。在临床诊断时应注意与类似症状疾病的鉴别。

（1）食管阻塞 梗塞物如在颈部，触诊可在左侧食管沟摸到硬块；插入胃管，当阻塞物将胃管挡住后，即可确诊阻塞部位。完全阻塞后，采食饮水后立即从口、鼻流出或不久即反流出来。

（2）创伤性网胃腹膜炎 肘部外展，肘肌震颤，不愿运动，运步时步态强拘，愿意走软路（土路）而不愿走硬路（三合土、水泥路等），愿上坡而不愿下坡。

（3）瘤胃积食 触诊瘤胃坚硬，重压成坑；听诊瘤胃蠕动音减弱或消失，粪便干黑，鼻镜干燥，有腹痛表现。

（4）前胃弛缓 慢性间歇性臌气，触诊瘤胃不硬，触压有两张皮的感觉，听诊瘤胃蠕动次数减少，力量减弱，先便秘，后腹泻，便秘时粪便小而干，腹泻时量少而软，有时干稀交替。

（5）膈疝 于左侧第6肋间前方出现网胃音，心脏移位，间歇性臌胀，伴发呼吸困难。

（五）防治

1. 预防 加强饲养管理，增强前胃神经反应性，促进消化机能，保持其健康水平。

（1）放牧前喂些干草，防止突然过多采食嫩绿饲料。

（2）限制在嫩绿草地的放牧时间。

（3）清明后放牧或刈割青草应注意避免采刈开花前的豆科植物；堆积发酵或被雨露浸湿的青草要尽量少喂。

（4）幼嫩牧草应晒干后掺杂干草饲喂。

（5）禁喂霉败变质的饲料；限喂精饲料，特别是粉渣、酒糟、甘薯、马铃薯、胡萝卜等，更不宜突然多喂，喂后不能立即饮水。

（6）舍饲牛在开始放牧前1～2d先给予聚氧化乙烯或聚氧化丙烯20～30g，加豆油少量，放入饮水内，内服，然后再放牧，可预防本病。

2. 治疗原则 排出瘤胃内气体和制止发酵。

（1）轻症病例可行洗胃疗法，或使病牛立于前高后低处进行瘤胃按摩，促进气体排出，或将涂有松油或食用酱的木棒衔于口中，并将木棒两端固定于角根处，诱使其嗳气。

（2）重症病例且呼吸极度困难者，立即用套管针放气，但放气速度不宜太快，在气体放完后将止酵剂如福尔马林 10～15 mL、来苏儿 10～20 mL，加水 500～1 000 mL 经套管针注入瘤胃。拔出套管针后用碘酊彻底消毒。

（3）泡沫性瘤胃臌胀可用普通食用油如花生油、菜籽油 300～500 mL，加温水 100 mL 灌服，或用表面活性剂二甲基硅油 10～15 g，温水适量，一次口服。

（4）促进瘤胃蠕动可用酒石酸锑钾 4～8 g，加水适量混匀，一次内服；或皮下注射毛果芸香碱 20～50 mg 或新斯的明 10～20 mg，同时静脉滴注 10% 氯化钠液 200～300 mL。

（5）中药疗法

①急性臌胀　治宜消气除胀，以消滞散满为主。方用枳实消痞丸：枳实、厚朴、莱菔子、青皮、大黄、木香、乌药、白术各 30～60 g，槟榔 25 g，山楂 120 g，煎汤去渣。候温，加六曲（研末）100 g，芒硝 150 g，麻油 250 mL，调和灌服。

②慢性臌胀　治宜消补兼施。方用香砂六君子汤加减：党参、白术、茯苓、青皮、木香、砂仁、莱菔子、甘草各 30～45 g，水煎灌服。如积食不消，加山楂、麦芽以消积滞；粪便燥结加大黄、芒硝、郁李仁等以润肠通便。

③泡沫性臌胀　治宜燥湿健脾，以导滞消胀为主。方用平胃散和枳实消痞丸加减：木香、苍术、厚朴、枳实、槟榔、陈皮、莱菔子各 30 g，大黄、山楂、二丑各 60 g，甘草 20 g，水煎去渣，加植物油 250 mL，调和灌服。

（6）上述药物无效时，切开瘤胃取出内容物，并接种健康牛的瘤胃液。

四、瘤胃酸中毒

瘤胃酸中毒临床上又称酸性消化不良、乳酸中毒、精饲料中毒等，是由于牛采食过量富含碳水化合物的精饲料或长期饲喂酸度过高或质量低下的青贮饲料，致使瘤胃内产生大量乳酸，引起以前胃功能障碍为主要症状的一种疾病。主要特征是消化障碍、精神沉郁、运动失调、瘫痪、脱水、休克或死亡。本病一年四季均可发生，以冬春季节发病较多，多发于奶牛，病死率高。

（一）病因

突然采食大量富含碳水化合物的饲料，特别是粉碎过细、淀粉成分充分暴

露的谷物，瘤胃产生大量乳酸而发病。

长期过量饲喂块根类饲料如甜菜、马铃薯等及酸度过高的青贮饲料等所致。

（二）症状

牛发病的快慢和病情的严重程度与食入饲料的数量、种类和性质有关。通常分为最急性型、急性型、亚急性型和轻微型。

1. 最急性型　常在采食饲料后 3～5 h 不显症状而突然死亡。病牛死前张口吐舌，并吐出带有血液的唾液，高声哞叫，甩头蹬腿死亡。

2. 急性型　食欲废绝，精神沉郁，目光无神，眼窝下陷，瞳孔轻微散大，肌肉震颤，走路摇晃；皮温不整，脉搏细弱。瘤胃臌胀，冲击式触诊为震荡音，粪便稀软酸臭。后期病牛卧地不起，头颈侧屈或后仰，昏睡。若不救治，多在 24 h 内死亡。

3. 亚急性型　食欲减退，精神委顿或活泼机敏，无共济失调，瞳孔正常，体温正常。瘤胃中等充满，触诊感觉生面团样，常继发或伴发蹄叶炎，病程 2～4 d。

4. 轻微型　全身症状轻微，反刍无力，瘤胃蠕动音减弱，稍显臌胀，触诊内容物呈捏粉样硬度，一般可自愈。

（三）病理剖检

死后可视黏膜发绀，腹围增大，有的从鼻腔、肛门内流出血液；皮下血管怒张，局部肌肉呈淡红色。咽、喉、气管黏膜充血，肺瘀血和水肿，心肌松弛变性呈土棕色，心内外膜及心肌出血。消化道有不同程度的充血、出血和水肿。瘤胃黏膜水肿，皱胃黏膜脱落、坏死，黏膜下水肿，肝水肿和脂肪变性，肾包膜易剥离，质脆，切面稍外翻，脑血管、神经周围水肿。

（四）诊断

根据过食精饲料的病史、临床症状等可初步诊断。结合实验室检查，如根据红细胞比容增高，血液乳酸含量增高，血浆二氧化碳结合力下降，瘤胃内容物 pH 和尿液 pH 明显下降，重症病例 pH 降至 5 以下等，有助于确诊。与产后瘫痪的类似之处是突然发病，精神沉郁，饮食欲减退或废绝，站立不稳，步态不稳，卧地不起，瘤胃胀满；不同之处是产后瘫痪常在产后 12～72 h 发病，病牛伏卧时颈部呈现一种不自然的姿势，即 S 状弯曲或头颈弯向胸壁的一侧，强行拉直松手后又弯向原侧。典型病例，病牛昏迷，意识和知觉丧失，体温降至 35～36 ℃或更低。

（五）预防

合理配合日粮，控制富含碳水化合物的谷类饲料的饲喂量；青贮饲料酸度过高时，要经过碱处理后再喂；饲料中精饲料较多时，可加入 2％碳酸氢钠、0.8％氧化镁或 2％碳酸氢钠与 2％硅酸钠（按混合饲料总量计量），还可补加莫能菌素和硫肽菌素等抑制乳酸生成菌作用的抗生素；严防牛偷吃精饲料。

（六）治疗

排除瘤胃内积存的食物，中和瘤胃中的酸性物质，补充体液，恢复胃肠功能。

（1）制止瘤胃内继续产酸可用 1∶7 石灰上清液或 5％碳酸氢钠溶液或 1％盐水或自来水反复洗胃，直至洗出液无酸臭，呈中性或碱性反应为止。同时用 5％碳酸氢钠溶液 2 000～3 000 mL 静脉注射纠正酸中毒。

（2）口服氢氧化钙溶液（生石灰加水，取上清液灌服）或投服碳酸氢钠 200～300 g，以中和瘤胃中的乳酸及其他挥发性脂肪酸，服后按摩瘤胃。

（3）重症病例则施行瘤胃切开术。先排出瘤胃内容物，并用 5％碳酸氢钠溶液冲洗，然后用干草或健康牛的新鲜瘤胃内容物填入瘤胃内（为排出瘤胃内容物的 1/3～1/2）。术后每天灌服健康牛新鲜胃内容物 3～5 L，连续 3 d。同时应静脉注射 5％葡萄糖盐水 2 000 mL，0.9％氯化钠 1 000 mL，氢化可的松 250 mg，2％盐酸普鲁卡因 30 mL，10％安钠咖 20 mL，3％氨茶碱液 40 mL，进行补液、强心。

（4）为控制和消除炎症可注射抗生素，如庆大霉素 100 万 U，一次肌内注射，每天 2 次；四环素 250 万 U，一次静脉注射。

（5）病牛严重气喘或休克时，可一次静脉注射山梨醇或甘露醇 300～500 mL。

（6）病牛全身中毒减轻、脱水有所缓解，但仍卧地不起时，可适当注射水杨酸类和低浓度（5％以内）钙制剂。

五、创伤性网胃心包炎

混在草料中的尖锐异物被采食后进入瘤胃、心包等器官所造成的网胃等器官创伤性、穿孔性炎症，俗称铁器病。临床上以网胃区疼痛、消化障碍、间歇性臌气为特征，并可引起心包炎和心肌炎等炎性症状。

（一）病因

混在饲料中的锐性异物被吞入网胃，由于网胃的体积小、收缩有力，尖锐异物常可刺伤或穿透网胃壁，并伤及附近器官组织。被机械损伤的部位受到细菌的感染而发炎。临床上导致病牛死亡的原因主要是并发创伤性心包炎或心肌炎。

（二）症状

病初呈前胃弛缓症状，食欲减退，反刍次数减少，嗳气增多，间歇性瘤胃臌气，便秘、腹泻；病牛行动和姿势异常，站立时肘头外展，呆立，弓腰，磨牙，不愿卧地，肘肌颤抖，躲避触摸甚至不断呻吟；体温升高，脉搏加快，愿走软路、上坡路，而忌下坡路和急转弯。刺伤心包时，心区触、叩诊疼痛不安，拒绝检查；心脏听诊，可听到心包摩擦音和心包拍水音，心音和心搏动明显减弱，体表静脉怒张，颈静脉膨隆呈索状，伴有颌下、胸前或腹下水肿，体温先升高后下降。出现严重消化障碍，逐渐消瘦。

（三）诊断

根据饲养管理情况，结合病情发展过程进行诊断。

（1）本病一般发病缓慢，初期没有明显变化，日久则精神不振，食欲、反刍减少，瘤胃蠕动音减弱或停止，并经常出现反复性的臌气。

（2）病情较重时，除出现前胃弛缓症状外，尚有弓背、呻吟。用手捏压鬐甲部或用拳头顶压剑状软骨左后方，患牛表现疼痛、躲闪。站立时肘关节开张，下坡、转弯、走路、卧地时表现非常小心。起立时先起前肢。如有创伤性心包炎时颈静脉怒张，颌下及胸前皮下水肿，听诊心脏时心跳快而弱。

（3）采用抗生素等多种疗法无明显的治疗效果。

（4）实验室检查，白细胞总数增多，有时达正常的2～3倍，中性粒细胞增多，核左移，淋巴细胞减少。应用副交感神经兴奋剂皮下注射可使病情加重。患创伤性网胃心包炎时，X线胸部透视检查显示心脏体积极度增大，可见有铁钉等异物穿透网胃至横膈及心包；心区超声检查显示液平面。金属探测仪检查网胃及心区呈阳性反应。

（5）应与纤维蛋白性胸膜炎、心内膜炎、肺炎等疾病相区别。

（四）防治

1. 预防　加工和饲喂草料时应清除金属异物，同时可在牛胃里放置磁铁环或定期使用牛胃吸铁器进行吸铁。

2. 治疗

（1）确诊后尽早施行手术，经瘤胃入网胃中取出异物；或者经腹腔在网胃外取出异物，并将网胃与膈之间的粘连分开，同时用大剂量抗生素或磺胺类药物进行注射，以控制炎症发展。

（2）心包积液时可进行心包穿刺排出积液。在左侧第4~6肋间，肩关节水平线下约2 cm处，沿肋骨前缘刺入皮下，再向前下方刺入，接上注射器边抽吸边进针，直到吸出心包渗出液为止，同时要掌握穿刺深度，以免损伤心肌而导致死亡，并要防止空气逸入胸腔；经穿刺排出积液后要注射抗生素防止感染。

（3）对症治疗可用洋地黄、毒毛花苷、呋塞米、盐类泻药等以强心、利尿。

六、创伤性网胃腹膜炎

创伤性网胃腹膜炎是牛在采食时误食的尖硬金属异物刺破网胃和腹膜引起的疾病。

（一）病因

同创伤性网胃心包炎。

（二）症状

急性病灶性网胃腹膜炎的病牛食欲减退甚至废绝，发热（39~44℃、40~56℃），呼吸和心率正常或稍快，肘外展，不安，弓背站立，瘤胃蠕动音减弱、轻度臌胀，排粪减少，前腹区疼痛。

慢性病灶性腹膜炎的病牛可出现体重下降，被毛粗乱无光泽，间歇性厌食，粪便异常，瘤胃功能紊乱，可能弓背站立。

弥漫性网胃腹膜炎的症状较严重，发热，呼吸和心率可分别达 40～80 次/min 和 90～110 次/min，胃肠活动完全停滞，食欲废绝，皮肤冰冷，黏膜毛细血管再充盈时间延长。疼痛剧烈而广泛，不愿起立或走动，起卧或强迫运动时更加明显。

（三）诊断

（1）用双手紧掐鬐甲部或将背部皮肤向上提起，可以听到病牛发出呻吟声，同时背脊变得僵硬，则很可能为本病。

（2）用拳头强力压迫胸部剑状软骨，则病牛出现疼痛反应。

（3）血液常规检查时，白细胞总数增多，10 000～14 000 个/mL，嗜中性白细胞增多，可增加 50%～70%，核左移。

（4）腹腔穿刺如发现有多量恶臭、混浊并混有血液的腹水则可能是本病。

（5）采用金属探测仪可发现胃内有金属异物。

（四）预防

同创伤性网胃心包炎。

（五）治疗

急性病例一般先采用保守疗法，包括投服磁铁、注射抗生素和限制活动，以固定金属异物、控制腹膜炎和加速创伤愈合。还可采取其他对症疗法，如给予流质食物、促瘤胃剂、补充钙剂及其他电解质。

亚急性或慢性病例已出现顽固性厌食、脱水、重度碱中毒时，应及早进行体液疗法、抗生素疗法和手术疗法，仅保守疗法难以治愈。

七、瓣胃阻塞

瓣胃阻塞又称第三胃食滞、百叶干，是前胃运动机能障碍性疾病，特别是瓣胃收缩力减弱，使其内容物不能及时排入皱胃，水分被吸变干，瓣胃肌麻痹，小叶因阻塞物压迫而发生坏死。本病多发于冬末春初或受灾缺草年份。

（一）病因

（1）长期饲喂过量坚硬的粗纤维饲料如豆秸、花生藤等，且饮水不足。

（2）长期饲喂刺激性小或缺乏刺激性的饲料如糠麸、粉渣等，缺乏青绿饲料。

（3）采食混有大量泥沙的饲料并长期沉积胃内。

（4）饲料突然变换，饲料质量低劣，缺乏蛋白质、维生素及微量元素，运动不足等可引起。

（5）继发于前胃弛缓、瘤胃积食、皱胃阻塞、皱胃变位、异嗜癖、生产瘫痪、急性肝脏病、牛恶性卡他热等急性热性病及血液原虫病等疾病。

（二）症状

病初呈前胃弛缓的症状，食欲减退，反刍减少，排粪干而小，听诊瓣胃音弱。中期则食欲废绝，鼻镜干燥，排黑色干小粪球或少量胶冻样黑褐色粪便。瓣胃蠕动音消失，瘤胃内容物一般不坚实，有时呈积食，有轻度臌气。后期，不饮，不反刍，鼻镜龟裂，不排粪或排少量黑色带黏液或血的恶性软粪。右侧7～9肋肩关节线处被毛逆立，叩诊瓣胃浊音区扩大并疼痛，空嚼磨牙，卧地，头弯向一侧，不愿起立。当瓣胃发生炎症及坏死时，体温升高，脉搏呼吸增数，达100次/min以上，腹痛加剧，常因败血症而死亡。

（三）病理剖检

瓣胃内容物充满、坚硬，容积增大1～3倍。重症病例瓣胃邻近的腹膜及内脏器官多具有局限性或弥漫性的炎性变化。瓣叶间内容物干涸、形同纸板，可捻成粉末状。瓣叶上皮脱落为菲薄，有溃疡、坏死灶或穿孔。

（四）诊断

根据瓣胃听诊蠕动音消失，深部触诊有硬感、疼痛，听诊浊音区扩大，结合瓣胃穿刺情况可做出诊断。

（五）防治

1. 预防　重在加强饲养管理，减少粗硬饲料，增加青绿饲料，补充蛋白质、矿物质和维生素饲料，给予适当运动，保证饮水，饲草长度要适宜，避免长期单纯饲喂糠麸及饲喂混有泥沙的饲料。

2. 治疗　以增强瓣胃收缩力、促进瓣胃内容物软化、恢复前胃机能为原则。

（1）轻症病例　参照瘤胃积食的疗法。

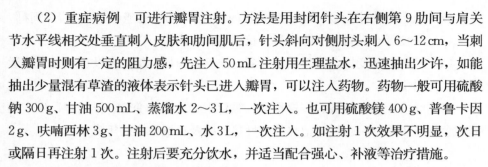

（2）重症病例　可进行瓣胃注射。方法是用封闭针头在右侧第9肋间与肩关节水平线相交处垂直刺入皮肤和肋间肌后，针头斜向对侧肘头刺入6～12 cm，当刺入瓣胃时则有一定的阻力感，先注入50 mL注射用生理盐水，迅速抽出少许，如能抽出少量混有草渣的液体表示针头已进入瓣胃，可以注入药物。药物一般可用硫酸钠300 g、甘油500 mL、蒸馏水2～3 L，一次注入。也可用硫酸镁400 g、普鲁卡因2 g、呋喃西林3 g、甘油200 mL、水3 L，一次注入。如注射1次效果不明显，次日或隔日再注射1次。注射后要充分饮水，并适当配合强心、补液等治疗措施。

（3）中药疗法　以养阴润燥通便为主。

①初期　方用增液承气汤加减，即大黄、郁李仁、枳壳、生地、麦冬、石斛、玄参各25～30 g，水煎去渣，加芒硝60～120 g、猪油500 g、蜂蜜120 g，调和灌服。

②中期　方用猪膏散加减，即大黄60 g，芒硝（后入）120 g，当归、白术、二丑、大戟、滑石各30 g，甘草10 g，共研末，加猪油500 g，开水冲服。口舌燥红，胃火炽盛，加知母、石膏等，以清胃热；如出现腹胀，则加枳实、厚朴，以消脾破滞。

③后期　方用黄龙汤加减，即党参、当归、生黄芪各30 g，大黄60 g，芒硝90 g，二丑、枳实、槟榔各20 g，榆白皮、麻仁、千金子各30 g，桔梗25 g，甘草10 g，共研末，加蜂蜜125 g、猪油120 g，开水冲服。

（4）上述方法无效时，可施行皱胃切开术。通过瓣胃-皱胃口，取出部分或全部瓣胃内容物。

八、肠便秘

一般又称肠阻塞，是由于肠管运动机能和分泌机能减弱，内容物大量停滞，排粪停止。一般成年牛、老年牛发病较多，冬季多发。

（一）病因

（1）饲喂大量富含纤维素的粗饲料如稻草、麦秸、豆秸等，引起肠机能减退，最终引起肠管扩张、麻痹，进而阻塞。

（2）缺乏某种营养物质，引起病牛舔食被毛，形成的毛球阻塞了肠管。

（3）劳役过度、饮水缺乏、运动不足、产后体质虚弱可促进本病的发生。

（4）给乳牛长期饲喂大量浓质饲料，饱食不运动，肠负担过重导致肠蠕动弛缓所致。

（5）继发于某些肠道寄生虫（如莫尼茨绦虫、蛔虫的阻塞）、肝脏疾病、腹腔肿瘤等疾病。

（二）症状

病牛精神沉郁，食欲减少或废绝，反刍停止。腹痛不安，可呈持续性；呻吟，磨牙，拱腰努责，呈排粪姿势，有时排出少量胶冻样团块；两后肢交替踏地，后肢踢腹，回头观腹；腹痛剧烈时常卧地不起；鼻镜干燥，口腔干燥，有舌苔，肠蠕动减弱或消失。直肠检查时，肛门紧缩，直肠内空虚干燥或有黏液，触摸阻塞部则病牛有疼痛感。病的中、后期腹痛多消失，瘤胃轻度臌气，皮温不整，脉搏加快，呼吸浅表，终因脱水和虚脱而死亡。

（三）诊断

根据病史、排粪变化、腹痛现象及直肠检查结果能做出初步诊断，但必须与瓣胃阻塞、皱胃积食相区别。

（四）预防

合理饲养，科学搭配日粮，防止单一饲喂粗饲料或精饲料，饲料要多样化，多给予青绿多汁饲料；合理使役，适当运动，供应充足清洁饮水。

（五）治疗

根据病情灵活运用包括通（疏通）、静（镇静）、减（减压）、补（补液强心）、护（护理）的综合性治疗原则和方法。

（1）停食 1～2 d，多给饮水，以后给予易消化的青绿饲料。用温肥皂水或温盐水灌肠，每次 15～30 L，可重复多次。

（2）大肠阻塞可灌服硫酸钠（镁）500 g、鱼石脂 15 g、酒精 100 mL、十滴水 50 mL、水 500 mL 的合剂；或灌服硫酸钠（镁）300 g、液体石蜡 1 000 mL、芳香氨醑 50 mL、十滴水 50 mL、水 300 mL 的合剂；或灌服硫酸钠 100～500 g、大黄末 60～80 g、松节油 30 mL、水 8～10 L 的合剂。

（3）小肠阻塞灌服液体石蜡 1 000～2 000 mL（或植物油 500 mL）、乳酸 20 mL、鱼石脂 15 g、酒精 100 mL 的合剂；或灌服植物油或液体石蜡 500～1 000 mL、松节油 30 mL、温水 500～1 000 mL 的合剂。

在体外经腹壁或直肠内用按压法、切压法、顶压法、握压法、掏结法、捶击法和注水法等将结粪破碎，同时按上述方法使用泻剂。

（4）用5％水合氯醛酒精溶液200～300 mL静脉注射，也可用水合氯醛10～20 g灌肠镇痛镇静。禁用吗啡及其制剂。

（5）继发胃扩张或肠臌气病例，及时导胃和穿肠放气，以减轻腹压。

（6）继发脱水、酸中毒病例，静脉滴注复方氯化钠溶液或5％葡萄糖生理盐水2～3 L，加20％安钠咖10～20 mL；静脉滴注6％低分子右旋糖酐溶液1～2 mL。纠正酸中毒可用5％碳酸氢钠液或乳酸钠溶液补液，注意适当补钾。

增加肠蠕动可静脉滴注10％氯化钙100 mL、10％氯化钠300 mL、10％安钠咖20 mL；或皮下注射拟胆碱药，如毛果芸香碱50～100 mg、新斯的明30～60 mg、毒扁豆碱30～50 mg等。

（7）加强护理是肠便秘治疗中的重要环节，必须由专人护理，以防发生意外事故。如做适当的牵遛运动，防止受惊、滚转摔伤；肠管疏通后禁食1～2餐后逐渐恢复至常量，以防便秘复发或继发胃肠炎。

（8）中药疗法

①大承气汤　主治牛实热便秘，大黄200 g、芒硝300 g、厚朴100 g、枳实150 g，共煎水去渣，加麻油250 mL灌服。

②化结散　朴硝150 g，大黄、滑石各100 g，枳实、番泻叶各10 g，木通35 g，甘草20 g，共研末，加麻油250 mL温水灌服。

对四肢发凉、怕冷寒战、流清涎的湿寒性便秘可用肉桂、乌药、厚朴、陈皮、槟榔、苍术、草寇、续随子、大黄各50 g，木香40 g，干姜、二丑各15 g，煎服。

病情严重的，上述方法无效时，则应尽快进行手术治疗。

九、肠臌气

（一）病因

原发性的是由于采食大量易发酵、发霉、冰冻、腐败的饲料或突然更改饲喂方法等所引起；继发性的多发生于胃扩张、肠便秘、肠变位、弥漫性腹膜炎的过程中。

（二）症状

原发性的常在进食后几小时内突然发病，病初呈间歇性腹痛，腹围逐渐增大，以右腹部明显，后迅速转为剧烈而持续的腹痛，全身出汗。可视黏膜暗红，呼吸困难。肠音初期增强，有金属音，后期逐渐减弱甚至停止；排粪初期频数，后排粪、排尿逐渐停止。继发性的在出现原发病症状 1～6 h 后才出现腹围膨大、腹窝平满、呼吸促迫等肠臌气典型症状。腹痛加剧时，全身症状也加重。

（三）诊断

根据病史和临床症状可初步确诊。

（四）防治

（1）初期可采用泻剂和止酵剂，或用针刺穴位进行排气，也可在直肠检查过程中用手在直肠内晃动肠管，以促使气体迅速排出；严重肠臌气病例可进行盲肠放气或采用直肠带入针头放气，并通过放气针孔注入止酵剂，并于放气后向腹腔内注入抗生素或磺胺类药物用于抗菌消炎，防止继发腹膜炎症状。

（2）用水合氯醛硫酸镁 200～300 mL 静脉注射，或 0.25% 普鲁卡因 300～400 mL，两侧肾脂肪囊内注射，或用普鲁卡因粉 1.0～1.5 g 加蒸馏水 300～500 mL，直肠内灌入。

（3）用硫酸钠 300 g、鱼石脂 10～15 g，加水 6 000 mL，一次内服；或用氨茴香 60 mL、福尔马林 15 mL、松节油 10 mL、水合氯醛 25 g、蒸馏水 500 mL，混匀后一次内服。

十、感冒

感冒是由于气候骤变、环境温差过大，机体受风寒袭击引起的以上呼吸道黏膜炎症为主症的急性热性全身性疾病。无传染性，一年四季均可发生，以早春、晚秋、冬季气候多变的季节多发。

（一）病因

主要是受寒而引起，如遭遇贼风侵袭、圈舍阴冷潮湿、环境忽冷忽热、冷雨浇淋等。此外，使役过度、长途运输、营养不良及其他疾病使机体抵抗力降低都可诱发感冒。

（二）症状

常在寒冷因素作用后突然发病，体温升高，精神不振，食欲减少；鼻镜干燥、鼻黏膜充血、肿胀，流鼻涕、鼻汁先清后浓稠；眼睛半闭，畏光流泪，眼结膜充血、肿胀；脉搏、呼吸增数，咳嗽，肺泡呼吸音加强，有时有湿性啰音；皮温不整，耳、鼻、四肢末端发凉；肠音不整或减弱，粪便干燥。严重的畏寒怕冷，全身颤抖。

（三）诊断

根据病因调查及身颤、肢冷、流清涕等症状可做出诊断。但应与流行性感冒相区别。后者体温突然升高到 10 ℃以上，来势猛烈，传播迅速；眼结膜和消化道黏膜有卡他性炎症、结膜黄染、跛行等。前者呈散发性的个别牛发病。

（四）防治

1. 预防　加强耐寒锻炼，合理使役，增强机体抵抗力；防止突然受寒，冬季做好防寒保暖，夏季防止风吹雨淋；牛舍要经常维修；平时要保证充足饮水，要有足够的青绿饲料供应。

2. 治疗　原则是解热镇痛，祛风散寒，加强保暖，充分休息，保证饮水，喂给易消化的饲料，防止继发感染。

（1）解热镇痛可内服阿司匹林，犊牛 2～5 g，成年牛 10～25 g；或肌内注射安痛定，犊牛 5～10 mL，成年牛 10～20 mL，每天 1 次；或穿心莲、柴胡注射液等肌内注射 10～20 mL。

（2）应用解热镇痛剂后，体温较高者可及时应用抗生素或磺胺类药物，如青霉素、链霉素、庆大霉素等，便秘时可同时内服轻泻药。

（3）止咳去痰可用氯化铵 15～20 g，远志酊 30～10 mL，复方甘草合剂 50～100 mL，加水内服。此外，可用 2%～3%硼酸或 0.1%高锰酸钾液洗擦鼻孔，同时用 1%黄连素滴鼻。

（4）食欲不振时可使用人工盐、复方龙胆酊等加水内服；增进食欲可用复合 B 族维生素或维生素 B_1 注射液。

（5）中药疗法

发热轻，怕冷重，耳鼻俱冷，肌肉震颤者，多偏寒，治宜祛风散寒。方一用杏苏散：杏仁 52g，桔梗、紫苏、茯苓各 100g，炙半夏 50g，陈皮、枳壳各 51g，前胡 56g，甘草 10g，共研末，生姜（切细）100g 为引，分作 2 次温水灌服。方二用荆防败毒散加减：荆芥、防风、杏仁、桔梗、前胡、羌活、柴胡、陈皮、生姜各 30g，煎服，冬季可加麻黄、桂枝，若咳嗽加百部等，大便干燥加糖瓜蒌、麻仁；或荆芥、防风各 30g，前胡、羌活、独活、枳壳、柴胡各 25g，桔梗、茯苓、川芎、甘草各 20g，水煎服；或紫苏叶、麻黄各 20g，羌活、桂枝、白芍各 10g，陈皮、甘草各 25g，干姜、葱白为引，水灌服。

发热重，怕冷轻，口干舌燥，眼红者，治宜发表解热。方用桑菊银翘散加减：桑叶、菊花、金银花、牛蒡子、生姜各 30g，连翘 25g，杏仁、桔梗各 20g，薄荷、甘草各 15g，研末，开水冲后一次灌服；或金银花、连翘、竹叶各 35g，桔梗、荆芥、淡豆豉、牛蒡子各 30g，薄荷、甘草各 20g，芦根 15g，水煎服；或金银花 60g，连翘 15g，杏仁 25g，薄荷 50g，荆芥 30g，甘草 25g，共研末，开水冲服。

十一、支气管炎

支气管炎是气管、支气管黏膜表层或深层的炎症，是牛常见的呼吸道疾病，多发于早春、晚秋及气候多变的时期，以幼龄和老龄牛更易发病。

（一）病因

主要是寒冷及各种理化因素的刺激所致。如寒夜露宿，贼风吹袭，吸入烟尘、粉碎饲料、有刺激性的气体等异物，圈舍闷热，投药方法不当，饲喂不全价的饲料等可引发本病。此外，可继发于某些传染病如传染性支气管炎、流感等及某些寄生虫病如肺丝虫病的经过中。

（二）症状

按病程长短可分为急性和慢性两种。

1. 急性支气管炎　前期病牛先有干短而痛的咳嗽，后转为湿性长咳，出现支气管啰音；鼻液由浆液性变为黏液性和脓性，咳嗽后鼻液增多。病初体温轻度升高，一昼夜间升降不定。中期可引发细支气管炎，全身症状有所加剧，呼吸急促，有时呈呼气性呼吸困难。结膜发绀，有弱痛咳嗽，但极少有痰液咳出。听诊肺泡呼吸音增强，可听到干湿性啰音（小水泡音）。后期可引起腐败性支气管炎，全身症状加剧，呼出气体有腐败性恶臭，两侧鼻孔有污秽不洁或带腐败臭味的鼻液流出。

2. 慢性支气管炎　体温无变化，呈长期顽固性无痛干咳，尤其是早晚进出牛舍、饮水、采食、运动、气候骤变常引起剧烈咳嗽。鼻液少而黏稠；胸部听诊，长期有干性啰音，叩诊一般无变化；并发肺气肿时，叩诊肺界后移并呈过清音，表现呼吸困难，全身症状不明显。

（三）病理剖检

1. 急性支气管炎　支气管黏膜血管舒张并充满血液，黏膜发红，有局部性或弥漫性分布的斑点、条纹及瘀血，黏膜下水肿，有淋巴细胞和分叶核细胞浸润。

2. 慢性支气管炎　由于长期反复的刺激，黏膜或多或少变为斑纹状，有时呈现弥漫性充血、肿胀，并被少量的黏性渗出物或黏液脓性渗出物所覆盖。当病程延续时，炎症病变就侵入支气管黏膜下层和支气管周围组织，即发生支气管周围炎。这种炎性细胞浸润与随之而发生的结缔组织增生能降低其收缩性并容易变形，其结果则发生支气管狭窄和扩张。经常而持续的咳嗽就给慢性肺泡气肿的发生和发展创造了条件。

（四）诊断

根据受寒感冒的病史，结合咳嗽、流鼻液、支气管啰音，X线检查仅见肺部支气管阴影增重，无明显渗出影像等可做出诊断。临床上应与下列疾病相区别：

（1）喉炎　吞咽草料困难，急性咽喉肿胀，听诊胸部无变化，触诊喉部敏感且咳嗽。

（2）支气管肺炎　全身症状较严重，呈弛张型热，呼吸加快，呈胸腹式呼吸，咳嗽频发，声粗大，叩诊胸部呈岛屿状浊音区，听诊肺泡音微弱，有时出现捻发音，X线检查有小范围的阴影。

（3）肺气肿　一般体温无变化，也不常咳嗽，呼气困难而延长，肺部叩诊呈过清音。

（4）肺充血和肺水肿　通常在重度劳役或剧烈奔跑等情况下突然发病，病程急速，有泡沫样、血样或淡黄色鼻液，呼吸高度困难。

（5）过敏性素质的咳嗽　有某种致敏原存在，并突然发生剧烈咳嗽，涕泪交加，但体温、呼吸、脉搏无显著改变，使用抗过敏药物治疗有效。

（6）感冒　鼻梁和耳朵时冷时热，鼻镜干燥，时常磨牙，四肢发凉，浑身打战。

（五）防治

1. 预防　保持圈舍干燥，通风良好；防止贼风侵袭、受寒感冒，禁喂发霉草料和干燥的细粉状饲料，定期驱虫，适当运动，多晒太阳，勤饮清水，合理使役；避免机械性和化学性因素刺激，保护呼吸道的防御机能。及时治疗容易继发支气管炎的各种疾病。

2. 治疗　加强饲养管理，祛痰止咳，消除炎症。必要时实施抗过敏疗法。

（1）痰液黏稠而不易咳出时，可内服氯化铵 15 g、杏仁水 35 mL、远志酊 30 mL、温水 500 mL 的合剂；或氯化铵 20 g、碘化钾 2 g、远志酊 30 g、温水 500 mL 一次内服；或人工盐 30 g、甘草末 10 g、氯化铵 15 g、温水 500 mL 一次内服。其他的还可用桔梗制剂。

（2）频发痛咳而分泌物不多时可用镇痛止咳剂或内服磷酸可待因 0.2～2 g，温水 500 mL，每天 1～2 次；或水合氯醛 8～10 g，加水 500 mL，加入淀粉浆适量内服，每天 1 次；或枇杷止咳露 200～250 mL，一次内服。

（3）消炎抑菌，促进炎性渗出物排出，可用松节油、克辽林、薄荷脑、麝香草酚等进行蒸汽吸入；为抑制细菌生长，促进炎症消散，可向气管内注入抗生素，青霉素 100 万 U 或链霉素 1 g 溶于 1％普鲁卡因溶液 15～20 mL，缓慢注入气管内，每天 1 次，连用 3～6 次为一个疗程。与此同时，配合应用磺胺类药物或抗生素进行全身治疗。如肌内或静脉注射 10％磺胺嘧啶钠溶液 100～150 mL；肌内注射青霉素 100 万～160 万 U，每日 2 次，连用 2～3 次；或青霉素与链霉素、庆大霉素、红霉素等联合应用。还可配合糖皮质激素，提高消炎效果。

（4）缓解呼吸困难可肌内注射氨茶碱 1～2 g，每日 2 次或皮下注射 5％麻黄素液 4～10 mL。

（5）抗过敏疗法。第 1 天，一溴樟脑粉 1 g（可用樟脑粉 3～4 g 代替），普

鲁卡因2g，甘草、远志末各20g，制成丸剂，早晚各1剂；第2天，一溴樟脑粉6g，普鲁卡因3g；第3天，一溴樟脑粉8g，普鲁卡因1g，加氟甲砜霉素粉6g或盐酸异丙嗪0.25～0.5g。为制止渗出和促进炎性产物吸收，可静脉注射10％氯化钙液100mL，每天1次。

（6）中药疗法

①方一　桔梗、荆芥、款冬花各10g，紫蔻、百部、陈皮、半夏、杏仁、枳壳、甘草各30g，水煎服，每日1次，连用3～5d。

②方二　款冬花30g，知母、贝母各21g，马兜铃、桔梗、杏仁、双花、桑皮、黄药子、郁金各18～20g，共研末，开水冲调，待温灌服。

③方三　六味汤，知母、贝母、款冬花、桔梗、陈皮、旋覆花各25g，蜂蜜200mL为引，灌服。如寒咳，将款冬花加为50g；如火咳，将知母、贝母加为50g。此外，春季加青蒿25g，夏季加石膏50g，秋季加桔梗50g，冬季加麻黄25g。

④方四　黄连、黄芩、大黄各40g，山豆根50g，射干、马勃、贝母、郁金各30g，朴硝、黄药、白药、知母、甘草、桔梗各25g，水煎服。

十二、支气管肺炎

支气管肺炎也称小叶性肺炎，是支气管和细支气管与肺的个别小叶或小叶群同时发生炎症。患病的肺泡充满卡他性渗出物及脱落的上皮细胞，所以支气管肺炎又称卡他性肺炎。

（一）病因

与支气管炎基本相同。

（二）症状

病初呈现支气管炎的症状，混合性呼吸困难，结膜潮红或发绀，体温可达10℃以上，呈弛张热型。但体质衰弱的病例体温无明显变化，胸部听诊，病灶部位肺泡呼吸音减弱或消失，可听到捻发音、干性或湿性啰音、支气管呼吸音，健康部肺泡呼吸音增强。胸部叩诊，病灶浅表时可出现岛屿状浊音区，多位于肺的前下三角区内；病灶深在时则可能无变化或出现鼓音；如炎灶互相融合则可出现大面积浊音区；如一侧肺脏发炎，对侧叩诊音高朗。

（三）病理剖检

肺部有炎症病灶，病变组织坚实而不含空气，将病变肺组织小块投入水中即下沉。肺切面因病变程度不同而表现各种颜色。肺的间质组织扩张，被浆液性渗出物浸润，呈胶冻状。炎灶周围几乎总伴发代偿性气肿。

（四）诊断

血常规检查，白细胞总数及嗜中性白细胞增多，并伴有核左移现象。X 线检查肺纹理增重，散在的炎性病灶呈大小不等的阴影，似云雾状或扩散融成一片。

根据本病弛张热型，呼吸困难，听诊肺泡音减弱或消失，有捻发音、湿啰音，呼吸增数，结合血常规检查和 X 线检查可做出诊断。应区别于下列疾病：

1. 细支气管炎　热型不定，胸部叩诊呈现过清音甚至鼓音，听诊肺部，肺泡音亢盛并有各种啰音。

2. 大叶性肺炎　呈稽留热型，病程发展迅速，而典型病例常呈定型经过。肺部叩诊浊音区扩大，听诊肝变区有较明显的支气管呼吸音。并于疾病经过中往往有铁锈色鼻液，X 线检查病变部呈现明显而广泛的阴影。

3. 牛流行热　是病毒引起的急性、热性、高度接触性传染病，全身肌肉和四肢关节疼痛，步态僵硬、不稳和跛行，个别牛不能行走而卧地。眼结膜充血、流泪、畏光、流涎，口边黏附有泡沫，呈流行性发生。

4. 牛传染性胸膜肺炎　有传染性，季肋区可听到摩擦音，听诊有大面积浊音区，叩诊有疼痛。

5. 牛巴氏杆菌病　有传染性，叩诊胸部，一侧或两侧有浊音区和疼痛，不愿卧下；咽喉型病例，喉部肿胀、热痛，眼红肿、流泪。

6. 肺气肿　多数体温无明显升高，肺部有明显的爆裂音而缺乏支气管啰音及捻发音。

7. 牛肺疫　呈急性者不多见，有明显胸痛及肺部广泛浊音区，胸腔穿刺发现纤维蛋白性胸膜炎。

（五）防治

1. 预防　参见支气管炎。

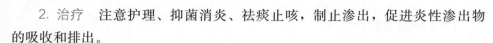

2. 治疗　注意护理、抑菌消炎、祛痰止咳，制止渗出，促进炎性渗出物的吸收和排出。

（1）应用抗生素和磺胺类药物，一般青霉素与链霉素联合应用效果好。青霉素 1 000～8 000 U（以体重计），链霉素 10 000 U（以体重计），每隔 8～12 h 肌内注射 1 次。或用 10% 磺胺嘧啶钠注射液或 10% 磺胺二甲嘧啶注射液 100～150 mL 肌内注射，每天 1 次。对多杀性巴氏杆菌和大肠杆菌感染的牛，可用硫酸卡那霉素 15 mg（以体重计）或新霉素 4 mg（以体重计）肌内注射，每天 2 次，连用 7 d。如病情顽固，可应用四环素 5～10 mg（以体重计）溶于葡萄糖生理盐水中静脉滴注，每天 1 次；也可用青霉素 320 万 U 溶于 15～20 mL 蒸馏水中，缓慢向气管内注射。阿奇霉素或氟苯尼考配合泰妙菌素针剂效果佳。

（2）祛痰止咳。参见支气管炎治疗。

（3）退热，可内服水杨酸钠。

（4）制止渗出和促进炎性渗出物吸收可静脉注射 10% 氯化钙或酒精葡萄糖酸钙液 100～200 mL，每天 1 次；或用氢氯噻嗪 0.5～2 g，碘化钾 2 g，远志末 30 g，温水 500 mL，一次口服，每天 1 次。

（5）防止自体中毒，可静脉注射撒乌安注射液 50～100 mL 或樟脑酒精液 100～200 mL，每天 1 次。增强心脏功能，可选用 20% 安钠咖溶液、10% 樟脑磺酸钠溶液、强心液、洋地黄毒苷等强心剂。

（6）中药疗法

①方一　银翘散加减，金银花、连翘、牛蒡子、杏仁、前胡、桔梗各 21～30 g，薄荷 15～21 g，芦根 60 g，水煎服或研末开水冲调（风邪犯肺者用）。

②方二　清肺山栀散加减，栀子、黄连、黄芩、桔梗、知母、葶苈子、连翘、玄参、贝母、天冬、麦冬各 24～30 g，石膏 120 g，甘草 15 g，杏仁 30～60 g，共研末，开水冲服或水煎服（肺经热盛者用）。

③方三　生脉散加减，党参、黄芪、麦冬、五味子各 30～60 g，龙骨、牡蛎各 60～90 g（后入），水煎服（正虚欲脱者用）。

④方四　三黄散，黄连、黄芩、知母、贝母、郁金、黄药、白药、栀子各 50 g，麦冬 100 g，大黄 150 g，甘草 40 g，共研末，分 2 次温水调灌。

⑤方五　马鞭草、板蓝根各 120～240 g，水煎灌服。

十三、纤维素性肺炎

维素性肺炎也称大叶性肺炎，是整个肺大叶发生炎症。临床上本病较少见。

（一）病因

传染性纤维素性肺炎主要是肺炎双球菌引起；非传染性纤维素性肺炎是一种变态反应性疾病，感冒、过劳、吸入刺激性气体、胸部外伤、饲养管理不当等可诱发本病。

（二）症状

典型病例的发展过程有明显的阶段性，包括充血水肿期、红色肝变期、灰色肝变期和溶解吸收期。本病突然发病，体温升高达 40 ℃以上，并稽留 6～9 d，以后渐退或骤退至常温。病畜精神沉郁，食欲减退或废绝，但脉搏加快不明显。呼吸迫促，呈混合性呼吸困难。黏膜发绀、黄染，皮温不整，肌肉震颤。病畜频发短痛咳，溶解期变为湿咳。肝变初期流铁锈色或黄红色鼻液。胸部叩诊随病程呈现规律性改变。充血水肿期呈鼓音或浊鼓音；肝变期变为大片浊音区；溶解期重新变为鼓音或浊鼓音。肺脏健侧或健区叩诊音清音。继发肺气肿时，边缘呈过清音，肺界向后下方扩大。肺部听诊，充血水肿期相继出现肺泡呼吸音增强、干啰音、捻发音、肺泡音减弱和湿啰音；肝变期，肺泡音消失，代之以支气管呼吸音；溶解期，支气管呼吸音消失，再次出现啰音、捻发音。

（三）诊断

血常规检查，白细胞和中性粒细胞增多并伴有核左移现象，淋巴细胞和单核细胞减少。X 线检查可见病变部呈现明显而广泛的阴影。

根据病史材料的分析，结合血液学变化和 X 线检查可做出诊断。

（四）预防

加强耐寒锻炼，提高机体抵抗力，避免不良刺激，积极治疗各种原发病。

（五）治疗

病初用新肿凡纳明 15 mg（以体重计）溶于葡萄糖盐水或生理盐水中缓慢

静脉注射。注射前 30 min 先注射强心剂，待心脏机能改善后再用，或将一次剂量分多次注射。也可静脉滴注糖皮质激素，并配合使用抗生素或磺胺类药物。或用青霉素 200 万～500 万 U，醋酸可的松 0.5～0.6 g，2%普鲁卡因 40～50 mL，生理盐水 100 mL，混合后两侧胸腔交替注射，每天 1 次，连用 2～3 d。

抗菌消炎选择阿奇霉素或氟苯尼考注射液配合泰妙菌素注射液效果奇佳。制止渗出、促进渗出物吸收及防止自体中毒等参见支气管肺炎。

第四节 南阳牛常见传染病及防治

一、巴氏杆菌病

牛巴氏杆菌病又名牛出血性败血症，是一种由多杀性巴氏杆菌引起的急性热性传染病。其特征是高热、肺炎、急性胃肠炎及全身组织器官以及其黏膜和浆膜的出血性炎症，特别是肠道的广泛性出血，故中兽医称为血灌肠病。

（一）病原

多杀性巴氏杆菌为两端钝圆、中央微凸的短杆菌，无鞭毛，无运动性，不形成芽孢，可形成荚膜，革兰氏染色阴性，用亚甲蓝或姬姆萨染色，菌体两端浓染，在普通培养基上可生长，属需氧及兼性厌氧菌。本菌对外界抵抗力较弱，在土壤中存活 7～18 d，在粪便中存活 2 周，常用消毒药如 0.5%氢氧化钠、1%氢氧化钠、5%苯酚、10%漂白粉及 5%福尔马林等，数分钟内可杀灭本菌，但克辽林对本菌杀菌力很弱，不宜应用。60 ℃经 20 min 或者 70 ℃经 5～10 min 即可杀死本菌，干燥条件下 2～3 d 死亡，直射阳光照射数分钟内死亡。

（二）流行病学

巴氏杆菌在健康牛的上消化道或上呼吸道可能就有寄生。当饲养管理不当、拥挤、寒冷、过度疲劳、抵抗力下降时可引起发病。本病主要从消化道传染，其次为呼吸道传染，偶尔可经过皮肤黏膜的损伤或吸血昆虫的叮咬而传播。本病的发生无明显的季节性，秋末、冬初及天气骤变时容易发生，常为散发性，也可呈地方性流行。不同品种、年龄的牛均能发生。

（三）症状

潜伏期一般为 2～5 d，临床上可分为三型。

1. 急性败血型 突然发病，体温升高达 40～42 ℃，精神沉郁，食欲废绝，结膜潮红，腹痛，腹泻，粪稀恶臭，混有黏液、假膜和血液，有时鼻孔和尿液中有血，一般于 1 d 内因虚脱而死亡。

2. 肺炎型 最常见，表现为纤维素性胸膜肺炎，痛性干咳，叩诊胸部浊音，听诊有支气管啰音、胸膜摩擦音，体温升高至 40～42.5 ℃，流泡沫样鼻液，2 岁以内幼牛伴有腹泻。病牛常因衰竭而死亡。

3. 水肿型 胸前及头颈部水肿，严重者可能波及下腹，按压时热、硬而痛。舌、咽高度肿胀，呼吸困难，黏膜发绀，流泪，流涎，磨牙，有时出现血便，往往因窒息而死。

（四）病理剖检

急性败血型死亡病牛呈现败血症变化，黏膜点状出血，全身淋巴结肿大、充血、水肿，其他内脏也常有出血点，脾无变化；肠道内容物常混有血液，胃肠黏膜发生急性卡他性炎症，有时为出血性炎症。

肺炎型主要为纤维素性肺炎和胸膜肺炎。肺水肿，胸腔内积有浆液性纤维素性渗出物，肺组织发生肝样变，有时肺脏切面呈大理石样病变；心包呈纤维性心包炎，心包与胸膜粘连，内含有干酪样坏死物；胸部淋巴结肿大，切面呈暗红色，散布有出血点。

水肿型主要为头、颈、咽喉部水肿，切开水肿部位流出深黄色透明液体，间或杂有出血；舌肿大，呈暗红色；淋巴结、肝、肾和心脏等实质器官发生变性。

（五）鉴别诊断

1. 炭疽 炭疽病牛出现天然孔出血，血液凝固不良，呈煤焦油样，尸僵不全，脾肿大 2～3 倍。将血液或脾脏做涂片，革兰氏或瑞士染色，可见菌体为革兰氏阳性、两端平直、呈竹节状、粗大带有荚膜的炭疽杆菌。巴氏杆菌病则无上述病理变化，可见菌体为革兰氏染色阴性、两端浓染的细小短杆菌。

2. 气肿疽 多发生于 1 岁以下牛，病牛肌肉肿胀，手压柔软，有明显的捻发音。病变部肌肉切面呈黑色，从切口流出污红色带泡沫的酸臭液体；肌肉内有暗红色的坏死病灶；肌纤维的肌膜之间形成裂隙，横切面呈海绵状。气肿疽梭菌菌体为两端钝圆的大杆菌。

3. 恶性水肿　多由创伤引起，伤口周围呈气性、炎性水肿。病部切面苍白，肌肉呈暗红色，肿胀部触诊有轻度捻发音。以尸体的肝表面做压印片染色镜检，可见革兰氏阳性、两端钝圆的大杆菌。

（六）防治

1. 预防

（1）平时搞好饲养管理，增强机体抵抗力。避免牛群受惊、受热、潮湿和拥挤。

（2）定期对牛进行出血性败血症氢氧化铝菌苗预防注射。体重 100 kg 以上的皮下注射 6 mL，100 kg 以下的皮下注射 5 mL，注射后 14 d 产生免疫力，免疫期 9 个月。

（3）对污染的圈舍和用具用 5% 漂白粉或 10% 石灰乳消毒。

2. 治疗

（1）病初应用高免血清有较好疗效。皮下注射 100～200 mL，1 次/d，连用 2～3 d。

（2）肌内注射青霉素 100 万 U，链霉素 300 万 U，3 次/d，连用 3 d。

（3）肌内或静脉注射 20% 磺胺嘧啶钠，2 次/d，连用 3 d。

（4）肌内或静脉注射头孢噻呋，每千克体重 2.2 mg。

（5）大群治疗时，可将四环素族、泰乐菌素等抗生素或磺胺类药物混在饮水或饲料中，连用 3～4 d。

（6）急性病牛，以大剂量四环素（每千克体重 50～100 mg）制成 0.5% 的葡萄糖生理盐水静脉注射，每天上午 1 次。

二、结核病

本病是由结核分枝杆菌引起的人畜共患的一种慢性传染病。其特征是病牛逐渐消瘦，在机体内某些器官形成干酪样、钙化的坏死病变和结核性结节。

（一）病原

结核分枝杆菌分为牛型、人型和禽型，不同型的结核杆菌对人及畜禽有交叉感染性。牛结核分枝杆菌为两端钝圆、平直或稍弯曲的纤细杆菌，不形成芽孢和荚膜，无运动性，为严格需氧菌，在特殊培养基上生长也很慢，接种 3 周后开始增殖，初次分离很困难。革兰氏染色阳性。因菌体含有分枝菌酸，一般染色液着色不匀，用抗酸染色法，菌体染成红色。本菌对外界环境尤其是对干燥和湿冷环境抵抗力强，但对湿热抵抗力差，60 ℃经 30 min、煮沸 1 min 即可将其杀死；痰内的结核分枝杆菌被阳光直射 0.5～2 h 可死亡。常用的消毒药（5%来苏儿、3%～5%甲醛、70%酒精、10%漂白粉溶液等）均可杀灭本菌，碘化物消毒效果最佳。但有机酸、无机酸、碱性物和季铵盐类对本菌无效。本菌对青霉素及其他广谱抗生素均不敏感，但对链霉素、异烟肼、氨基水杨酸钠具有不同程度的敏感性。

（二）流行病学

家畜中以奶牛最常见，黄牛、水牛次之。病牛特别是开放性的病牛是本病的主要传染源，其粪便、乳汁、鼻液、唾液、痰等均带菌，病牛可污染饲料、饮水、空气和周围环境，通过呼吸道和消化道以及损伤的皮肤黏膜或胎衣将本菌传染给易感牛。牛舍拥挤、卫生不良、营养不足均可诱使本病的发生和传播。本病无明显的季节性和地区性，多呈散发。

（三）症状

潜伏期一般为 10 d，长者可达数月。通常呈慢性经过。临床上有以下几种类型：

1. 肺结核　以长期顽固的干咳为特点，渐变为湿咳，特别是早晨运动及饮水后愈趋明显。随后咳嗽加重、频繁，呼吸数增加或气喘，并有淡黄色黏液或脓性鼻液流出。肺部听诊有啰音或摩擦音，叩诊有浊音区，并引起咳嗽。体表淋巴结肿大。病畜食欲正常，易疲劳，贫血，渐进性消瘦，产奶量下降，体温一般正常或升高。

2. 乳房结核　乳房淋巴结肿大，乳房出现局限性或弥漫性无热无痛、大小不等的硬结，有的形成结核性脓肿，俗称冷脓肿，一旦脓肿破溃，创部长期不愈合；产奶量下降，乳汁稀薄如水，后期乳腺萎缩，泌乳停止

3. 肠结核　多见于犊牛，以消瘦和持续性腹泻或便秘与腹泻交替发生为特点，粪便带血和脓液，味腥臭，产奶量下降。

4. 生殖道结核　出现性机能紊乱，不孕。母牛从阴道流出灰黄色玻璃样黏液分泌物，有时可见干酪样絮片，发情频繁，性欲亢进，但交配不能受孕，孕牛流产。公牛睾丸肿大，阴茎前部可发生结节、糜烂等。

（四）病理剖检

患部可形成结核结节，肺、乳房、淋巴结、肠、脑等部位常见小米粒大至鸡蛋大、灰白色或淡黄色坚实干硬的结节，切开慢性结节呈干酪样坏死，有时呈钙化灶，切面有沙粒感，四周有结缔组织；有的坏死组织溶解和软化，排出后形成空洞。多数患肺结核牛的肺与胸膜发生广泛而牢固的粘连。

（五）防治

1. 预防

（1）严格检疫、隔离和卫生消毒，防止引进病牛或带菌牛。

（2）预防接种。犊牛1月龄时胸垂皮下注射卡介苗50～100 mL，20 d后产生免疫力，免疫期12～18个月。

（3）发现病牛立即对全牛群进行检疫。扑杀有明显症状的开放性病牛，内脏销毁或深埋，肉经高温处理或充分煮熟后方可食用。

（4）结核病人不得直接管理牛群。

2. 治疗　对结核病牛，特别是开放性结核病牛应淘汰处理。对贵重种牛可用链霉素、异烟肼和对氨基水杨酸钠治疗。

（1）肌内注射链霉素每千克体重10 mg，每12 h 1次。

（2）肌内注射异烟肼，1 g/次，2次/d；或3～4 g/d，分3～4次拌料喂食，3个月为一个疗程。

（3）对氨基水杨酸钠常与异烟肼或链霉素配合使用，每千克体重0.04～0.06 g，口服，3～4次/d。

（4）林可霉素、丁胺卡那霉素（阿米卡星）也有较好疗效。对妊娠牛应慎用或禁用。

三、炭疽

炭疽是由炭疽杆菌引起的人畜共患的一种急性、热性、败血性传染病。病牛表现为突然高热，可视黏膜发绀和天然孔出血，血液凝固不良，间或于体表出现局灶性炎性肿胀（炭疽痈）。

（一）病原

炭疽杆菌是需氧性芽孢杆菌属中的一种长而粗的大杆菌，无鞭毛，不运动，革兰氏染色阳性。濒死病牛的血液中常含有大量菌体，呈单个或成对存在，少数为 3～5 个菌体相连呈短链条排列，呈竹节样，菌体周围有一层肥厚的荚膜，但不形成芽孢。在人工培养基上或接触游离氧时可形成芽孢，芽孢位于菌体的中心或略偏一端。在普通琼脂平板上形成灰白色、不透明、表面粗糙、稍隆起的菌落，放大观测可见菌落呈卷发状，血琼脂培养 24 h，一般不溶血。炭疽杆菌在形成芽孢之前对理化因素抵抗力不强，但芽孢的抵抗力很强。芽孢在干燥状态下可存活 50 年以上，煮沸 15 min 不能被全部杀死；干热 150 ℃或高压 15 min 可被杀死。强氧化剂如高锰酸钾、漂白粉等对芽孢杀灭力较强，3％漂白粉 20 min、5％甲醛 2 h、10％甲酸 5 min、5％苯酚 1～3 d 等都可杀灭芽孢。一般 75％酒精无效。此外，临床上还常用 0.5％过氧乙酸和 5％碘酊作为消毒剂。本菌对青霉素、四环素类、红霉素和磺胺类药物敏感，这些药物能抑制繁殖体和芽孢的生长。

（二）流行病学

各种家畜和人都有不同程度的易感性，以马、牛、羊、鹿的敏感性最强，各种年龄和不同品种的牛均能发生。病牛是主要的传染源，常经消化道感染，病牛分泌物、排泄物及被尸体污染的土壤、水源、牧地中长期存在着炭疽芽孢，当在这些地点放牧，牛采食了含有大量炭疽芽孢的草料和饮水即可感染发病。也有经皮肤感染，特别是吸血昆虫（尤其是虻类）叮咬皮肤、外伤感染。本病多发生于夏季放牧时期，呈地方性流行或散发。

（三）症状

潜伏期 1～5 d，有的长达 11 d。根据临床症状和病程可分为以下几型：

1. 最急性型　常见于流行初期，症状不明显，突然倒地死亡。有的表现为突然倒地，全身战栗，体温升高，呼吸困难，可视黏膜发绀，天然孔流出煤焦油样血液，常于数小时内死亡。

2. 急性型　最为常见，体温升高至 41～12 ℃，呼吸急促，心跳加快，眼结膜青紫，反刍停止，瘤胃臌胀，有的兴奋不安，顶撞人畜或物体，哞叫，天然孔流血，后期精神高度沉郁，体温下降，痉挛而死。病程 1～2 d。

3. 亚急性型　症状类似急性型，病情较轻，病程较长，颈、胸、腰、直肠或外阴部常水肿或发生炭疽痈，局部温度升高，有时龟裂，渗出柠檬色液体；颈部水肿常伴有咽炎和喉头水肿，加重呼吸困难；肛门水肿，排便困难，粪便带血。病程 3～5 d。

4. 慢性型　为数甚少，仅表现进行性消瘦，病程长达 2～3 个月。

（四）病理剖检

怀疑为炭疽的病牛尸体一般禁止解剖，必须解剖时应严格执行各项消毒卫生措施。

最急性型病例除脾脏、淋巴结有轻度肿胀外，其他见不到肉眼可见病变。

急性型病例呈败血症变化，尸僵不全，迅速腐败、臌胀，天然孔流出凝固不全的煤焦油样血液，可视黏膜暗紫色，皮下、肌间、浆膜、肾周围的结缔组织和咽喉等处有出血性黄色胶样浸润。脾脏肿大 2～5 倍，呈黑红色，软化如糊状，淋巴结肿大，胃肠道呈出血性坏死性炎症。其他实质性器官主要表现为充血、出血和水肿。此外有的炭疽尸体在皮肤、肠、肺、咽喉等部位有局限性的痈肿。

（五）鉴别诊断

1. 急性中毒　体温不升高，有中毒症状和中毒史。

2. 巴氏杆菌病　无尸僵不全和血凝不良现象，脾脏变化不明显，血液、内脏涂片镜检可见两极浓染的巴氏杆菌，炭疽沉淀反应阴性。

3. 气肿疽和恶性水肿　患部常呈气性炎性肿胀，按压有捻发音，切开后流出含气泡和酸败臭味的液体。取水肿液涂片染色镜检，可见无荚膜但中央有梭形芽孢的粗大杆菌。

4. 梨形虫病　取血液涂片镜检，可在红细胞内发现呈梨形的血孢子虫，用抗血孢子虫药治疗有效。

（六）防治

1. 预防

（1）定期进行预防接种。在春季或秋季注射炭疽芽孢苗。炭疽Ⅱ号芽孢苗，2月龄牛皮下注射1 mL，无毒炭疽芽孢苗，皮下注射，1岁以上的牛1 mL、1岁以下的牛0.5 mL，上述疫苗2周后均能产生免疫力，免疫期1年或1年以上。

（2）对原因不明而突然死亡的牛不准随便剥皮吃肉，须经确诊后再行处理。

（3）发生本病后及时上报疫情，及时封锁疫点，炭疽牛尸体和被污染的草料、粪便等要一律烧毁，被污染的地面应铲除表土15～20 cm，与20%漂白粉溶液混合深埋。

（4）最后1头病牛死亡或治愈后15 d，再未发现新病牛时，经彻底消毒后可以解除封锁。

（5）禁止从疫区购买饲料，并注意牧场和水源的安全。

（6）牛舍用20%漂白粉溶液、10%氢氧化钠或0.3%过氧乙酸喷雾消毒。

（7）疫区人员要做好防护，及时注射疫苗和抗生素，预防感染。

2. 治疗

（1）病初用抗炭疽血清可获得显著疗效，成年牛100～200 mL/次，犊牛30～60 mL/次，必要时可在12 h后重复使用1次，并可配合大剂量青霉素200万～300万U/次，每天1次。

（2）肌内注射青霉素，400万～800万U/次，3次/d，连用3 d。

（3）静脉注射10%磺胺嘧啶钠溶液，100～200 mL/次，2次/d，至体温下降后持续用药1～2 d。

（4）在肿胀部位分点注射抗生素或涂金霉素软膏，并用消毒水清洗患处，切不可对肿胀部位切开或乱刺。

（5）对症疗法，注意强心、解毒、利尿等。

（6）用氟甲砜霉素、土霉素、四环素等治疗。

四、口蹄疫

口蹄疫俗称"口疮""蹄癀"，是由口蹄疫病毒引起的偶蹄动物的一种急性、热性、高度接触性传染病。其临床症状是口腔黏膜、蹄部和乳房皮肤发生水疱和溃烂。

（一）病原

口蹄疫病毒属于小核糖核酸（RNA）病毒科、口蹄疫病毒属，是已知最小的动物 RNA 病毒。口蹄疫病毒具有多型性、变异性等特点。根据病毒的血清学特性，目前已知全世界有 7 个主型，即 A、O、C、南非 1、南非 2、南非 3 和亚洲型。各型之间不能互相免疫，即感染过一种类型病毒的动物仍可感染其他型病毒。本病毒对外界环境抵抗力很强，不怕干燥，但对日光、热、酸、碱均敏感。

（二）流行病学

口蹄疫能侵害多种动物，但以偶蹄动物最易染。对于牛，犊牛比成年牛易感，病死率也较高。流行虽无季节，但不同地区可表现为不同的季节性，如牧区往往从秋末开始，冬季加剧、春季减轻、夏季平息。在农区，这种季节性不明显。口蹄疫在发病初期传染性最强，主要是直接接触传染。病牛的水疱皮、水疱液、唾液、粪、奶和呼出的空气都含有大量的致病力很强的病毒，食入或吸入这些病毒时便可引起感染。近年来有研究证明，空气也是口蹄疫的重要传播媒介之一，病毒常可随风发生远距离气源性传播。

（三）症状

发热和口、蹄部位出现水疱为特征性症状。潜伏期 2～4 d，最长可达 1 周。牛突然发病，体温升高至 40～41 ℃，精神委顿，在乳头皮肤、唇内面齿龈、舌面及颊部黏膜发生水疱，水疱破裂后糜烂，采食完全停止。蹄冠和趾间的柔软皮肤发生水疱，水疱破溃后糜烂、蹄壳脱落，导致病牛跛行。多数病例呈良性经过，成年牛病死率一般不超过 3%，犊牛主要表现出血性肠炎和心肌麻痹，病死率很高。

（四）病理剖检

除口腔、蹄部的水疱和烂斑外，在咽喉、气管、支气管和前胃黏膜有时发生圆形烂斑和溃疡，覆盖有黑棕色痂块。皱胃和大小肠黏膜可见出血性炎症。心脏柔软，似煮过的肉。心包膜有弥散性及点状出血，心肌切面有灰白色或淡黄色斑点或条纹，似老虎身上的斑纹，俗称"虎斑心"。

（五）鉴别诊断

1. **牛瘟** 可引起口腔黏膜坏死和溃烂，但只侵害齿龈和舌下，舌面无溃烂病变。患有牛瘟的病牛蹄部无病变，患部不出现水疱，由于皱胃、小肠黏膜有坏死性炎症而出现剧烈的腹泻，病死率高达80%。

2. 病毒性腹泻-黏膜病 口腔黏膜有糜烂病灶，流涎多，但本病无明显的水疱过程，糜烂病灶小而浅表，临床上有明显的腹泻，腹泻可持续1~3周，且主要侵害8月龄以下的犊牛。

3. 恶性卡他热 口腔黏膜上有糜烂，鼻黏膜和鼻镜上有坏死病变，但不形成水疱，蹄部无病变，常见眼睑、头部肿胀，眼球发生特性的上翻状态及角膜混浊，病死率极高。

4. 传染性水疱性口炎 口腔病变与口蹄疫相似，但很少侵害到蹄部及乳房皮肤。而且本病流行范围小，发病率低，极少发生死亡。本病除感染牛、猪、羊外，还能使马、驴感染。必要时可用动物接种区别：用病牛水疱皮或水疱液接种两头牛，一头做肌内或静脉注射，另一头舌黏膜内接种，如果两头都发病则为口蹄疫；若肌内或静脉接种的牛舌面不发生水疱，而舌黏膜内接种的牛舌面发生水疱，则是水疱性口炎。再按同样方法接种两匹马或两头驴，若发病则是水疱性口炎，不发病则是口蹄疫。

5. 牛痘 病初发生丘疹，1~2 d后形成水疱，水疱内含透明液体，随后成熟，中央下凹呈脐状，不久形成脓疱，然后结痂。口蹄疫既无结痂也不出现脓疱。

（六）防治

（1）做好早期预防接种，免疫时应先弄清当时当地或邻近地区流行的口蹄疫病毒的毒型，根据毒型选用弱毒苗或灭活苗。康复血清或高免血清可用于疫区和受威胁的牛，特别是控制疫情、保护犊牛。

（2）发生口蹄疫疫情时应立即上报疫情并封锁疫区，在扑杀、销毁病牛及其同群牛的同时，对疫区内其他易感牛群和受威胁区的易感牛立即紧急接种对应型号的口蹄疫疫苗，配合其他强制措施迅速扑灭疫情，最后一例病例康复3个月后不出现新病例方可解除封锁。

（3）严禁从疫区（场）购买患病牛及其肉制品。饲养场区和屠宰场的工作人员要做好自身的防护工作，接触病牛后应立即洗手消毒，防止病牛的分泌物和排泄物等落入口、鼻和眼睛或是伤口处。做好饲养场所、饲喂工具和饲草饲料等生产资料和生产工具的消毒工作，防止向周围环境散播病毒。消毒时可用

2%氢氧化钠、2%甲醛或 20%～30%的热草木灰水、5%～10%氨水等。

（4）饲养场应坚持自繁自养的原则，必须引进时，应先在隔离舍内至少观察 1 个月，确实证明其安全无疫时方可混群。

五、狂犬病

狂犬病俗称"恐水病"，是由狂犬病病毒引起的人和多种动物共患的急性、接触性、高度致死性神经系统疾病。本病主要侵害中枢神经系统，其临床特征是兴奋、嚎叫、意识障碍，最后局部或全身麻痹、恐水、衰竭而死。

（一）病原

狂犬病病毒属于弹状病毒科、狂犬病病毒属，为 RNA 病毒。在电子显微镜下观察，整个病毒粒子呈炮弹或枪弹状，长 120～130 nm，直径 75～80 nm，表面有囊膜和囊膜纤突。病毒在中枢神经组织中浓度最高，此外还存在唾液腺、与唾液腺相似的腺体（如泪腺、胰腺）以及感染相连的神经中。病毒在唾液腺和中枢神经（尤其是大脑海马、大脑皮层、小脑等）细胞的胞质内形成特异的包涵体，称内氏小体（Negri's body），呈圆形、椭圆形或钝三角形，染色后呈嗜酸性反应。病毒表面的糖蛋白能诱生中和抗体，具有血凝特性，病毒能在鸡胚绒毛尿囊膜、鸡胚成纤维细胞、仓鼠肾上皮细胞培育中增殖。病毒对外界抵抗力较弱，50 ℃ 经 15 min、180 ℃ 经 2 min 湿热均能将其杀死；43%～70%酒精、0.01%碘液、丙酮、乙醚、X 线、紫外线照射均能将其灭活；病毒对酸、碱、苯酚、福尔马林等消毒药也很敏感，几分钟内可使其失活。内氏小体对弱碱溶液敏感，对强酸的抵抗力则极强，干燥、热、腐败、甘油和水也只能使其有轻微的改变。

（二）流行病学

各种年龄牛均可发生，以犊牛和母牛发病率最高。病畜和带毒动物是主要的传染源，尤其是狂暴期的疯犬。传播途径主要为咬伤，也可因吸入带毒空气或误食污染饲料致病。一般呈散发，以春夏和秋冬之交多见。

（三）症状

潜伏期差异很大，平均为 30～90 d。主要与咬伤的部位、程度及唾液中所含病毒有关。咬伤部位越靠近头部,发病率越高,症状越重。病牛临床表现为狂暴型和麻痹型。

1. 狂暴型　病初站卧不安,头高扬,卷起上唇,前肢刨地,眼露凶光,两耳直立,空口磨牙。口腔内流出大量黏性唾液,食欲不振,反刍停止,瘤胃反复臌胀,便秘或腹泻,泌乳突然停止。阵发性兴奋发作,突然呈恐惧状,并用头和角冲撞饲槽或墙壁,异嗜癖,昼夜哞叫不止,叫声凄厉。以后进入安静期,病牛呆立或卧地,但每隔 20~30 min 又会出现兴奋期,这样周而复始,最后衰竭、麻痹而死亡,一般病程为 3~6 d。

2. 麻痹型　病初无兴奋状态,精神沉郁,呆立,流涎,吞咽困难,拒食,喘息,瘤胃臌胀,便秘。步态不稳,后肢无力,后躯瘫痪或呈犬坐姿势,尾松软下垂,舌头悬垂于唇边,叫声嘶哑、哀鸣,体痒,因脱水、衰竭而死。

(四)病理剖检

无特征性变化,有咬伤,尸体消瘦,胃内常有毛发、泥土、石块等,胃底、幽门区及十二指肠黏膜充血、出血;肝、肾、脾充血,胆囊肿大,充满胆汁;中枢神经实质及脑膜肿胀、充血和出血,组织学有非化脓性脑炎的变化,在海马角神经细胞、大脑皮质椎体细胞、小脑细胞等胞质内有包涵体。

(五)鉴别诊断

临床上必须与伪狂犬病相区别。

(六)防治

(1)犬是主要的传染源,因此应加强对犬的管理,定期对犬进行免疫接种,消灭野犬。

(2)对于患狂犬病的牛应采取不放血的方法扑杀或销毁,不得屠宰利用。

(3)被患有狂犬病或疑似有狂犬病的犬咬伤的牛,在咬伤后不超过 8 d 且未发现狂犬病症状的可以屠宰,其内脏经高温处理后利用;超过 8 d 后不准屠宰,应按病牛处理。

(4)被鼠类污染的场地应进行彻底消毒。

(5)被患有狂犬病的动物咬伤后应立即进行彻底的扩大创口,使其流血。用腐蚀性的消毒剂如 5%碘酊、3%苯酚、硝酸银等溶液处理,或用烧烙术进

行消毒，并迅速用狂犬病疫苗进行紧急预防接种。牛每次肌内注射 25～50 mL，间隔 3～5 d 重复注射 1 次。

（6）有条件的可于咬伤后 72 h 内按每千克体重 0.5 mL 的剂量注射高免血清，然后继续免疫注射。

六、牛流行热

牛流行热是由牛流行热病毒引起的一种急性、热性、高度接触性传染病。其特征是突发高热，呼吸迫促，流泪，流涎，鼻漏，四肢关节疼痛，跛行，后肢僵硬，精神沉郁。发病率高，但多取良性经过，轻症 2～3 d 即可恢复正常，故又有"三日热""暂时热"之称。

（一）病原

牛流行热病毒属于弹状病毒科、狂犬病病毒属，单链 RNA，有囊膜，表面有突起。病毒粒子呈子弹状或圆锥状。本病毒在鸡胚中不能繁殖，用高热期病牛的白细胞经脑内接种新生乳鼠，乳鼠在 10 d 后发病，呈现神经症状。连续继代，发病期可缩短到 3 d 左右，且大部分鼠在发病后 1～2 d 死亡。经乳鼠传代后的病毒可在仓鼠肾原代细胞和传代细胞上生长。本病毒抵抗力不强，对乙醚、氯仿敏感，胰蛋白酶、紫外线、酸、碱对病毒均有灭活作用。56 ℃经 10 min、37 ℃经 18 h、25 ℃经 120 h 可使病毒失去活力，反复冻融对病毒无明显影响，80 ℃条件下病毒极稳定。

（二）流行病学

各种牛均可感染，以 3～5 岁的壮年牛较易感，主要侵害黄牛和奶牛。有明显周期性，3～5 年流行 1 次，大流行后常有 1 次小流行。多发于蚊蝇活动频繁的季节，吸血昆虫消失流行即告终止。多数病牛取良性经过，病死率一般在 1% 以下。

（三）症状

潜伏期一般为 2～3 d。突然发病，开始为 1～2 头，很快波及全群。体温升高到 10 ℃以上，稽留 2～3 d；畏光流泪，眼结膜充血水肿；呼吸迫促，发出"哼哼"声，流鼻漏；精神沉郁，食欲废绝，反刍停止，奶牛泌乳量下降或停止，妊娠牛可流产；流涎，粪干或腹泻，尿量减少；全身肌肉和四肢关节肿痛，步态僵硬不稳，呈现跛行，故又名"僵直病"；发病率高，病死率低，病程2～5 d，多能自愈。

（四）病理剖检

主要病变在呼吸道。上呼吸道黏膜充血、水肿和点状出血；肺间质性气肿，肺充血、水肿、体积增大；心叶、尖叶、膈叶出现肝变区；气管和支气管充满泡沫状液体；淋巴结充血、肿胀、出血；皱胃、小肠和盲肠呈卡他性炎症和渗出性出血。

（五）鉴别诊断

1. 呼吸型牛传染性鼻气管炎　本病多发于寒冷季节，以鼻、气管炎症为主，鼻黏膜充血，有脓疱形成；剖检时鼻和气管内有纤维素性渗出物，喉头水肿。牛流行热以肺气肿为特征。

2. 牛副流感　本病常发于冬春寒冷季节，除呼吸道症状外，还可见乳腺炎，无跛行，肺部病灶细胞内可见胞质包涵体和合胞体形成。

3. 类蓝舌病　不出现全身肌肉和四肢关节疼痛症状。

4. 牛呼吸道合胞体病　流行于晚秋，症状以支气管肺炎为主，病程长。

5. 恶性卡他热　参照口蹄疫的鉴别诊断。

（六）防治

（1）流行地区加强消毒，消灭蚊、蝇等吸血昆虫，以切断传播途径。

（2）应用牛流行热疫苗进行免疫接种。先皮下注射弱毒活苗2 mL，然后肌内注射灭活苗3 mL，注射间隔1～4周，注射2次。对于假定健康牛和附近威胁地区牛群，可用高免血清进行紧急预防。

（3）高热时，每千克体重肌内注射0.2 mg剂量的氟尼辛葡甲胺。

（4）重症病牛给予大剂量的抗生素，常用青霉素（100万 U/次、200万 U/次）、链霉素（1 g/次），并用葡萄糖生理盐水、林格氏液（1 000～3 000 mL/次）、安钠咖（2～5 g/次）、维生素 B_1（100～500 mL/次）、维生素 C（2～4 g/次）等药物，静脉注射，2次/d。

（5）四肢关节疼痛的可静脉注射水杨酸钠溶液。

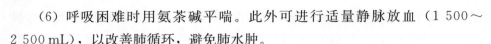

（6）呼吸困难时用氨茶碱平喘。此外可进行适量静脉放血（1 500～2 500 mL），以改善肺循环，避免肺水肿。

（7）中药用九味羌活汤。羌活、黄芩、甘草、生姜各75 g，防风、苍术、白芷、生地、细辛各40 g，大葱1根，水煎服。

七、牛产气荚膜梭菌病

牛产气荚膜杆菌病俗称牛猝死症，是一种以黄牛突然发病死亡、全身实质器官及消化道出血为特征的细菌性传染病，大小牛均可发病；但以犊牛和妊娠母牛发病率及病死率高。发病季节多集中在秋末和初春。

（一）病因

本病病原为产气荚膜梭菌。本菌为两端稍钝圆的大杆菌。芽孢呈卵圆形，但较少见，幼龄培养物为革兰氏阳性。此菌厌氧要求不十分严格。在肝块肉汤中生长迅速，并产生大量气体。产气荚膜梭菌有A、B、C、D、E五型，以A型引起牛的发病为最多，A型产气荚膜梭菌所有菌株均产生外毒素。

（二）症状

牛产气荚膜梭菌病按临床症状初步分为急性型和亚急性型两种。

1. 急性型　临床上往往不见任何前驱症状，有的在使役中、有的在使役后而突然发病死亡，病程短则几分钟，长则1～2 h，最长的也只有10 h。有的病牛前一天采食、饮水均很正常，第2天却发现死在牛舍中。人工感染潜伏期3～10 h。死前体温降低，呼吸迫促，口腔黏膜发绀，腹胀，口鼻流出大量带有泡沫的红色水样物，全身肌肉震颤，随后倒地，四肢划动，狂叫几声，很快昏迷并死亡；死后0.5～1 h，腹部高度膨大，肛门外翻，舌脱出口腔。

2. 亚急性型　主要表现为食欲减退或废绝，饮水量增加，背毛竖立，瘤胃轻度臌气，体温正常，听诊呼吸音急促，口腔黏膜发绀，随后出现全身肌肉震颤，有的患牛头颈向一侧弯曲，躯干及四肢强直，运动不灵，口鼻流出泡沫样红色液体。有的发病连续数天，有的可在3～10 min突然倒地，怪叫两三声，四肢划动，头背向脊背侧，双目圆瞪，舌伸出口外，口流粪水，呈非常痛苦状而死亡。治愈病例，全身被毛粗乱，采食量减少，消瘦，皮肤干燥，有大量皮屑和被毛脱落，一般6个月后才能逐渐恢复。

（三）防治

为预防本病可接种牛产气荚膜梭菌灭活苗。每头牛皮下注射 5 mL。预防及治疗药物有新霉素、林可霉素、庆大霉素、复方增效磺胺、氨苄青霉素、羧苄青霉素、苯唑青霉素、红霉素等多种抗生素，它们均对本菌有高度抑制作用。青霉素、链霉素也有一定的抑制作用。有条件时可采用高免血清或康复牛血清注射，利用新霉素等抗生素，并配合止血、强心、大剂量补液、排出毒素的综合治疗方法可明显提高治愈率。

第五节　南阳牛常见寄生虫病的防治

一、牛焦虫病

牛焦虫病或牛梨形虫病是由血孢子虫亚目的寄生虫（主要寄生于红细胞内）引起的牛许多疾病的通称。牛焦虫病主要包括泰勒虫病、牛双芽巴贝斯虫病、牛巴贝斯虫病和牛边虫病。以高热、血红蛋白尿、贫血、黄疸为特征。

（一）牛泰勒虫病

是由泰勒虫寄生于牛的红细胞和网状内皮系统细胞引起的以高热稽留、淋巴结肿大和贫血为主要特征的蜱传性血液原虫病，又称东海岸热。

1. 病原　泰勒虫体较巴贝斯虫体小，大小为 $0.8\sim1.7\ \mu m$，呈环形、椭圆形、逗点形、杆形、"十"字形等多种形状，各种形状可同时出现在一个红细胞内。红细胞染虫率一般为 $10\%\sim20\%$，可高达 90% 以上。一个红细胞内常见 $2\sim3$ 个虫体。我国已发现两种泰勒虫，即环形泰勒虫和瑟氏泰勒虫。环形泰勒虫的形态特征是圆形类虫体始终多于杆形类虫体，杆圆之比为 $1:(2.1\sim16.8)$。瑟氏泰勒虫的形态特征与环形泰勒虫相反，杆圆之比为 $1:(0.19\sim0.85)$。前者的危害大，广泛分布东北、华北、西北等地。

2. 传播途径　泰勒虫病通过蜱的传播感染牛。蜱附着在牛体吸血时，虫体的子孢子随蜱的唾液进入牛体内，在网状内皮细胞内进行裂体增殖，先形成大裂殖体（或称石榴体、柯赫氏蓝体），大裂殖体破裂后产生许多的大裂殖子，其又侵入正常网状细胞内，再重复上述的裂殖生殖过程。有的大裂殖子在网状内皮细胞内发育成小裂殖体，小裂殖体破裂后释放出的小裂殖子进入红细胞内变成配子体，当幼蜱或若蜱在病牛体上吸血时，将配子体吸入体内，经过发育繁殖，最终形成子孢子，当蜱再次吸血时，子孢子随蜱的唾液进入牛体内使牛感染。

3. 流行病学　本病多发生于我国北部舍饲条件下的牛。发病时期集中于每年的 5 月和 9 月，6 月和 8 月为高峰，即蜱活动频繁的时期。2～5 岁的牛发病率高，6 岁以上牛发病率低。流行区的牛发病轻微或无症状，而从外地引进的牛发病率高、病情重、病死率高。耐过牛可产生免疫力，但不稳定，在牛抵抗力降低时仍可复发。

4. 临床症状　多为急性经过。潜伏期为 11～20 d。初期，病牛体温升高至 40～41.5 ℃甚至 42 ℃，呈稽留热型，少数牛为弛张热型，呼吸加快，80～110 次/min，体表淋巴结肿大，有痛感。精神沉郁，食欲减退，结膜潮红。此时，可在红细胞内发现虫体。中期，病牛食欲大减或废绝，多数牛反刍减少，前胃弛缓，排少而黑的干粪，尿液淡黄或深黄，少而频。结膜黄染，严重者在眼睑下有芝麻粒大到绿豆大的出血斑。心音区扩大。病牛吃土，磨牙，肌肉震颤，迅速消瘦，贫血，红细胞数下降至 140 万～310 万个/mm³，血红蛋白由正常值降至 18%～32%，血沉加快，红细胞大小不均，异形，红细胞染虫率逐渐升高。后期，病牛若经适当护理，在中期病情不严重者可能自愈。否则病情会进一步恶化，食欲废绝，卧地不起，常在眼睑、尾根、股内侧、腹下皮肤等部出现深红色的出血斑，多数在 1～2 周死亡。耐过牛成为带虫者。

5. 病理剖检　剖检可见尸体消瘦，血液凝固不良，体表淋巴结肿大，脾脏肿大 2～3 倍，软化。皱胃黏膜肿胀，有大小不等的出血斑和溃疡。心脏内膜和外膜上有出血点，心肌变性、坏死。肝脏肿大、质软，呈棕黄色或棕红色，有灰白色结节和暗红色病灶。胆囊肿大，胆汁浓稠。

6. 实验室检查　病原学检查方法有：淋巴结穿刺或抽取淋巴液涂片，姬姆萨染色镜检柯赫氏蓝体；取耳静脉血液涂片检查，查找虫体；死后诊断时，取肝、脾、肾等器官压片检查柯赫氏蓝体。

7. 防治

（1）预防　消灭圈舍内的幼蜱，可用 1%敌百虫或 50 mg/L 的溴氢菊酯等拟除虫菊酯类杀虫剂药液在 10—11 月喷洒圈舍、墙壁、裂缝，以消灭越冬的幼蜱。

在 2—3 月用拟除虫菊酯类杀虫剂或 0.5%敌百虫溶液喷洒牛体，消灭寄生于牛体上的幼蜱和若蜱。

定期离圈放牧，防止成蜱侵袭。成蜱在 5 月下旬开始出现，因此有条件的情况下，在 5 月初将牛群赶至草原放牧，直到 10 月末再返回圈舍。放牧点距圈舍 2.5 km 以上，以避开成蜱侵袭。

由外地调入的牛进场前必须进行检查，发现牛体上有蜱需进行灭蜱处理，并隔离半个月再进场混群。在发病季节，预先用三氮脒配成水溶液进行肌内注射，或用阿卡普林肌内注射，通过药物预防也可收到较好的效果。

（2）治疗　治疗原则是杀灭病原体，对症治疗，加强护理。

磺胺甲氧吡嗪每千克体重 50 mg、甲氧苄氨嘧啶每千克体重 25 mg 和磷酸伯氨喹啉每千克体重 0.75 mg，3 种药物同时服用，每天或隔天 1 次，连用 2~3 次，有较好的效果。

三氮脒按每千克体重 7~10 mg 配成 5% 溶液，深部肌内注射，每天 1 次，连用 3~4 次为 1 疗程，效果较好。与黄色素交替使用效果更好。

输血疗法对泰勒虫病有一定的效果，可采用同种健康牛血 500~1 000 mL 静脉输入，每天或隔天 1 次，共输 2~3 次。

对症治疗，即采用强心、止血、输液、健胃、舒肝、利胆等药物对症治疗，并加强护理，增加营养，降低病死率。

（二）巴贝斯虫病

本病是由焦虫科、焦虫属中的双芽巴贝斯虫和巴贝斯虫所引起的一种经蜱传播的急性、季节性血液原虫病。临床上以高热、血红蛋白尿、贫血为特征，故又称"红尿热""红尿病""塔城热"，是热带、亚热带地区牛重要的寄生虫病之一。

1. 病原　双芽巴贝斯虫为大型虫体，其长度大于红细胞半径，呈环形、椭圆形、梨形和变形虫样，最典型的形态是呈双梨籽形，尖端以锐角相连接。长 16 μm，宽 1.4~3.2 μm，姬姆萨染色后虫体胞质呈淡蓝色，并有一紫红核。虫体多位于红细胞中央，每个红细胞内有 1~2 个虫体，红细胞染虫率仅为 2%~15%。

生活史：首先在牛红细胞内以成对出芽生殖法繁殖，虫体繁殖很快。当含有虫体的红细胞被蜱吸入体内后，大部分被破坏，仅一小部分可继续发育，按不同时段分为雪茄形虫体、纺锤形虫体，72 h 后发育成虫样体，移居于蜱卵内，虫体随着蜱的发育进行有性生殖，最后在若蜱体内发育成具有感染性的巴贝斯虫。

牛巴贝斯虫是一种小型虫体，其长度小于红细胞半径，呈梨籽形、圆形、椭圆形、不规则形和圆点形等。典型虫体为尖端钝角相连的双梨籽形。长 $1.5 \sim 2.1\,\mu m$，寄生于牛红细胞内，虫体位于其边缘或中央，每个虫体内有一团染色质块，每个红细胞内有 $1 \sim 3$ 个虫体。红细胞染虫率很低，一般小于 1%。牛巴贝斯虫的生活史基本上与双芽巴贝斯虫相似。

2. 流行病学　病牛及带虫者是本病的主要传染源。本病通过微小牛蜱进行传播。2 岁以内的牛发病率高，但症状轻微、病死率低，易自愈，成年牛发病率低，但症状重、病死率高，老弱牛病情更为严重。当地牛易感性低；种牛和外地引入牛易感性高、病情重、病死率高。病愈牛可产生免疫力，但不稳定，饲养不当、机体抵抗力低时仍可复发。本病的发生与微小牛蜱的活动密切相关。蜱每年繁殖 $4 \sim 5$ 代，病的发生和蜱在一年内出现的次数是一样的。南方多发生于 7—9 月，有些地区蜱的活动时间长，所以流行期也长。北方多发生于放牧季节。

3. 临床症状　双芽巴贝斯虫病潜伏期为 $12 \sim 24\,d$，巴贝斯虫病潜伏期为 $10 \sim 14\,d$。病牛突出表现是体温升高，达 $40 \sim 41\,℃$，呈稽留热，以后下降，变为间歇热，病牛精神沉郁，喜卧地，食欲减退，反刍停止，呼吸心跳加快，全身肌肉震颤，产奶量急剧下降，妊娠牛易流产。病初便秘，但很快腹泻，迅速消瘦，一般在发病后数天出现血红蛋白尿，尿的颜色由淡红色变为棕红色或黑红色，此为本病的典型特征。病牛贫血，红细胞总数可降到 $100\,万 \sim 300\,万个/mm^3$，红细胞大小不均，同时出现黄疸、水肿。病程 $4 \sim 10\,d$，病死率高低与患畜品种、年龄、饲养管理条件有很大关系。若病情逐渐好转，体温可降至正常，食欲逐渐恢复，尿色变浅，但消瘦、贫血、黄疸等症状需经数周才能康复。犊牛一般仅表现为中度发热，食欲减退，黏膜微黄，热退后即恢复。

4. 病理剖检　剖检特征为消瘦，血液稀薄、凝固不良，肌间结缔组织和脂肪均呈黄色胶冻样水肿。各内脏黏膜有出血点。脾脏肿大 $2 \sim 3$ 倍，切面紫红色，脾髓易刮落。肝脏肿大、黄褐色，切面呈豆蔻状花纹。胆囊肿大，充满黏稠状胆汁。肾肿大，有点状出血，内含大量红色尿液，黏膜有出血点。肺瘀血、水肿。心肌柔软，呈黄红色，心内外膜有出血斑。瓣胃充满干涸内容物，皱胃黏膜肿胀呈急性炎症变化，特别是幽门部有出血点。

5. 实验室检查　　通过流行病学、临床症状及剖检病变可进行初步诊断。但确诊需要血液涂片检出虫体。在牛体温升高1～2 d或血红蛋白尿出现期检查可发现梨籽形虫体。也可用免疫学方法（如补体结合反应、间接血凝试验、酶联免疫吸附试验等）诊断本病。

6. 防治

（1）预防　　本病预防重在灭蜱，主要措施有：发现牛体上有蜱寄生，可使用化学药品（如1%～2%敌百虫溶液等）喷洒牛体。加强饲养管理，保持牛舍附近清洁，做好灭蜱处理。在流行季节，定期检查血液，发现病牛及时隔离、用药治疗，预防本病的流行。对健康牛可用药物进行预防注射，在发病季节开始前每隔15 d用三氮脒注射1次，每次每千克体重2 mg，配成5%水溶液，臀部肌内注射。安全区向疫区输入牛时，必须预先用特效杀虫剂进行预防注射，以免牛引入后立即被感染而引起流行。疫区向安全区输入牛时，必须要证明无带虫才可输入。

（2）治疗　　尽量做到早诊断、早治疗。

①硫酸喹啉脲　　每千克体重2 mg，用生理盐水配成5%溶液，皮下注射。为防止出现诸如肌肉震颤、出汗、呼吸困难等副反应，可同时皮下注射硫酸阿托品，每千克体重1 mg。

②黄色素　　每千克体重0.3～1 mg，用灭菌生理盐水配成1%溶液，静脉注射，必要时48～72 h后重复用药1次。注射时不能漏入皮下，否则会引起炎症、水肿或坏死。

③三氮脒　　每千克体重3～7 mg，配成5%溶液，肌内注射，每天1次。除水牛外，其他牛可连用2次。

④咪唑苯脲　　对各种巴贝斯虫均有较好的治疗和预防效果，安全性好。以每千克体重1～3 mg的用量配成10%溶液，肌内注射。

⑤辅助治疗　　根据症状使用强心、健胃、补液或轻泻剂等。

（三）牛边虫病

牛边虫病过去被认为是一种血液原虫病，但经最新研究认为，该病为立克次氏体目无浆体属无浆体病，主要分布于热带及亚热带地区，临床上以发热、黄疸及贫血为特征。

1. 病原　　病原体有边缘边虫、中央边虫、阿根廷边虫等。我国常见的是边缘边虫。虫体呈圆形或椭圆形、粒状，直径 $0.8\sim0.1\,\mu m$，姬姆萨染色呈紫红色，瑞氏染色呈浅红色。一个红细胞中虫体一般为 $1\sim2$ 个，少数为 3 个。虫体多位于红细胞边缘部位，红细胞感染率为 $20\%\sim50\%$，在病初感染率很低，边缘边虫也可见于淋巴细胞中。

边缘边虫在牛的红细胞内以二分裂法进行繁殖，本病传播媒介为蜱类及吸血昆虫。病原可通过蜱卵传递给下一代，由下一代幼蜱传播。

2. 流行病学　病牛和带虫者是本病的主要传染源。本病多发生于夏秋两季，每年 6 月开始出现，8—10 月达最高峰，11 月下降。不同品种、年龄的牛有不同的易感性，外地购进牛、纯种牛、高产奶牛的易感性强，成年牛易感性高于青年牛，在流行季节出生的犊牛因有一定的免疫力而发病率低，在流行季节以前出生的犊牛发病重。

3. 临床症状　潜伏期为 $21\sim100\,d$，人工接种潜伏期为 $7\sim49\,d$。病初病牛体温升高到 $40\sim41.5\,℃$，呈间歇热或稽留热，精神沉郁，食欲减退，反刍和肠蠕动缓慢，大便正常或便秘，有时腹泻，粪呈金黄色；但无血红蛋白尿，眼睑、咽喉和颈部发生水肿；流泪，流涎；体表淋巴结肿大；呼吸急促，每分钟达 40 次以上，心跳加快，每分钟达 100 次以上。心音听诊弱，有杂音；有时发生瘤胃臌气；全身肌肉震颤，病牛出现贫血和黄疸，眼结膜变为瓷白色并黄染，有时乳房皮肤上出现针尖大的出血点。病牛迅速消瘦，红细胞显著减少，每立方毫米只有 100 万～200 万个，血红蛋白由正常值减少至 20% 以下。红细胞大小不均，并出现各种异形红细胞，白细胞数增多，为 1 300 万～1 600 万个/mm³。泌乳牛产奶量急剧下降，妊娠牛多发生流产或早产，往往胎衣滞留。随着病程延长，病牛起立及行动艰难或卧地不起，病程可持续 $7\sim14\,d$，急性病牛可在几天内死亡。成年母牛的病死率可达 $10\%\sim20\%$，耐过牛则长期消瘦、贫血、衰竭，泌乳量下降或停止。犊牛可有短期的体温升高、消化系统症状，但症状消失快，极少发生死亡。

4. 病理剖检　死于急性期的牛尸体无明显消瘦；病程较长的牛尸体消瘦明显。肌肉呈灰白色，血液稀薄，皮下组织有黄色胶冻样浸润。脾脏肿大，脾髓软化但不流汁，色棕红。皱胃黏膜有出血性炎症。肝脏肿大。胆囊肿大，充满带屑状小块胆汁。

5. 实验室诊断　实验室诊断包括补体结合反应、荧光抗体法、琼脂扩散反应、间接血凝试验及乳胶凝集反应。其中补体结合反应敏感性高，不仅可确诊病牛，而且可以检出带虫牛，甚至可以测定出 10 d 内的犊牛血清中的抗体存在。卡片凝集反应操作方法简便迅速，敏感性也高，也可用于牛群的边虫病诊断。

6. 防治

（1）预防　定期开展灭蜱和吸血昆虫的工作，尽量消灭传播媒介，防止疾病流行。在流行季节的初期，可对易感的牛用杀虫药进行预防注射，也可将感染边虫的牛血 5 mL 注射于易感牛的皮下，易感牛经 10～20 d 可产生对边缘边虫的较强免疫力。

（2）治疗　在用药物治疗病牛的同时，要加强饲养管理，保持牛舍干燥、通风，使之早日恢复健康。有效治疗药物有黄色素、三氮脒等，其用法用量与治疗巴贝斯虫病相同。以下药物也有较好的疗效：应用二磷酸氨喹啉每千克体重 25 mg，磷酸伯氨喹啉每千克体重 1.23～2.5 mg，磺胺甲氧吡嗪每千克体重 50～100 mg，甲氧苄胺嘧啶每千克体重 25～100 mg，以上 4 种药物混合口服，每天 1 剂，连用 3～5 d 有很好的疗效。对症疗法如强心、补液、调理胃肠、补血等，根据情况采用。

二、牛血吸虫病

本病是由日本分体吸虫寄生于牛、羊、猪、犬、人等及一些野生哺乳动物的门静脉和肠系膜静脉内而引起的一种人畜共患病，可造成人及家畜不同程度的损害和死亡。

（一）病原

日本分体吸虫成虫呈线状，雌雄异体。雄虫短而粗，乳白色，长 10～20 mm，宽 0.5～0.55 mm，有口、腹吸盘各 1 个，口吸盘在虫体前端，其后不远处为腹吸盘；腹吸盘较大，具有粗而短的柄，使之突出于体缘。虫体两侧体壁从腹吸盘至尾部向腹面卷曲形成抱雌沟。雌虫常在雄虫的抱雌沟内呈合抱状态交配产卵。睾丸 7 个，呈椭圆形。雄性生殖孔开口于腹吸盘后方抱雌沟内。雌虫细而长，呈暗褐色，长 25～26 mm，宽 0.3 mm，口、腹吸盘均较雄虫小，卵巢呈椭圆形，位于虫体中部偏后。雌性生殖孔开口于腹吸盘后方。虫卵椭圆形或近圆形，大小为（70～100）$\mu m \times$（50～65）μm，卵壳较薄，无卵盖。

生活史：寄生于门静脉和肠系膜静脉内的成虫雌雄交配后，雌虫受精、产卵，肠黏膜中的卵通过分泌毒素溶解肠壁后进入肠腔，随粪便排出体外。卵在适宜的条件下（在水中，温度 25～30℃），数小时内孵出毛蚴，毛蚴在水中游动遇到中间宿主——钉螺后即钻入其体内继续发育，若遇不到钉螺，毛蚴则在 1～2 d 死亡。毛蚴在钉螺体内经毒孢蚴、子孢蚴发育为大量的尾蚴。尾蚴成熟后从钉螺体内钻出进入水中，遇到终末宿主——人、家畜及野生哺乳动物，通过皮肤、口腔黏膜进入终末宿主体内小静脉，随血液循环至肝门静脉发育为成虫，并移至肠系膜静脉内寄生。妊娠母牛也可通过胎盘感染胎儿。成虫在牛体内的寿命为 3～4 年，长的可达 10 年。

（二）流行病学

本病的流行因素主要取决于中间宿主——钉螺的生长、分布。钉螺是日本分体吸虫唯一的中间宿主。钉螺在我国主要分布于长江、珠江流域及沿海一带，幼螺生活在水中，成螺则主要在陆地上生活。日本分体吸虫可感染人、家畜及所有的野生动物，这些动物感染后随粪便排出大量虫卵，散落于水中，成为本病的传播来源。本病主要流行于气候温和、雨水充沛的春末夏初季节，黄牛感染率高于水牛，黄牛年龄越大阳性率越高，水牛则相反。

（三）临床症状

本病的临床症状与畜别、发病年龄、感染强度、免疫性、饲养管理等有关。一般幼畜比成年畜严重，黄牛症状比水牛明显，引进品种牛比地方品种牛死亡率高。

1. 急性型　病牛体温升高达 10℃以上，呈不规则的间歇热或稽留热。精神委顿，食欲减退，喜躺卧，随病程的发展，患牛日渐消瘦，贫血，腹泻，严重病例大便失禁，粪便中混有黏膜、黏液、血液，全身虚脱，很快死亡。有的在持续 2～3 个月后逐渐转为慢性。

2. 慢性型　病牛逐渐消瘦，食欲不振，体弱，间或有血便和腹泻现象。母牛易发生流产或不妊娠。有的牛感染后临床无症状成为带虫者，虽危害轻微，但成为传染源。胎内感染的犊牛症状特别严重，往往引起死亡。没死亡的犊牛生长发育不良，呈"侏儒牛"。

（四）病理剖检

剖检时，肝脏的病变较为明显，在表面或切面有肉眼可见的粟粒大至绿豆大灰白色结节或灰黄色的小点，即虫卵结节。感染初期肝脏肿大，后期肝脏萎缩硬化。严重感染时肠道各段均可找到虫卵沉积。小肠壁增厚，浆膜面粗糙，上有黄豆大的结节，严重的有溃疡面。直肠病变更为严重，一般在犊牛的直肠黏膜距肛门 10～25 cm 处有增生性溃疡和炎性肿胀，黏膜面上有大量黏液，并有灰白色线状和块状虫卵结节。肠系膜、大网膜也可见虫卵结节。此外在心、肾、胰、脾、胃等器官中有时也可发现虫卵结节。

（五）实验室检查

确诊必须依靠病原学检查和血清学试验。病原学检查临床上常将虫卵毛蚴孵化法和沉淀法结合进行。即先以沉淀法浓聚虫卵，再以一定的条件（25～30 ℃，7～10 d）培养，培养结束后用漏斗分离蚴虫，检查有无活动的蚴虫。近年来，免疫学诊断如环卵沉淀试验、间接血凝试验、酶联免疫吸附试验等已应用于实践，其检出率可达 95％以上。

（六）防治

1. 预防 预防牛血吸虫病应根据流行病学采取综合性的防治措施。主要有：粪便进行集中无害化处理，消灭钉螺，管理水源，安全放牧，避免牛接触可能含有尾蚴的水源，人畜患病同时防治，以彻底根除传染源。

2. 治疗 对患病牛及时用以下药物驱虫治疗，并结合辅助治疗措施使病牛早日康复。

（1）吡喹酮 每千克体重 30 mg，最大剂量为 10 g，小牛酌减，口服或皮下注射。

（2）硝硫氰胺 每千克体重 60 mg，口服。

（3）敌百虫 将每千克体重 75 mg 的总量平均分 5 d 5 次口服。

三、牛肝片吸虫病

本病是由肝片吸虫或大片吸虫寄生于反刍动物的肝脏和胆管中所引起的一种蠕虫病。本病呈地方性流行，能引起急性或慢性肝炎和胆管炎，导致家畜大批死亡，给畜牧业带来较大的损失。

（一）病原

肝片吸虫为雌雄同体。肝片吸虫虫体背腹扁平，呈叶片状或柳叶状，体表有许多小刺，新鲜虫体呈红褐色，经福尔马林固定后呈灰白色。虫体长 20～35 mm、宽 5～13 mm，前端呈圆锥状称头锥，锥底变宽称肩部，肩部以后逐渐变窄。口吸盘位于头锥前端，腹吸盘位于腹面肩部水平线中央。口吸盘和腹吸盘之间有生殖孔。虫体后端有排泄囊，无受精囊。虫卵呈长卵圆形，黄褐色，前端较窄，后端钝圆。卵壳薄而透明，卵内有一个胚细胞和许多卵黄细胞，大小为（116～132）μm×（66～82）μm。大片吸虫的形态与肝片吸虫基本相似。不同之处是虫体呈长叶状，长 33～76 mm、宽 5～12 mm；无明显的肩，虫体两侧比较平行，后端钝圆，虫卵较大，深黄色，大小为（150～159）μm×（75～90）μm。

生活史：肝片吸虫在动物胆管内排出虫卵，卵随胆汁进入消化道随粪便排出体外，在适宜条件下（温度 15～30 ℃，适宜的氧气、光照，pH 5～7.5 的水中）经 10～25 d 孵出毛蚴。毛蚴在水中遇到中间宿主椎实螺即钻入其体内，否则毛蚴在水中 6～36 h 后即死亡。毛蚴在螺体内经过孢蚴、母雷蚴、子雷蚴阶段最终形成 100～1 000 个的尾蚴。成熟的尾蚴从螺体内逸出并游于水中，附着在水草上发育为囊蚴。牛、羊等动物吞食了含有囊蚴的水草后，囊蚴在其体内经过十二指肠-腹腔-肝包膜-肝脏-胆管或通过十二指肠胆管开口处-胆管，或经过肠壁静脉-门静脉-肝脏-胆管，最后在胆管中发育为成虫。囊蚴自进入牛体内至发育为成虫需 3～4 个月，成虫在动物体内可存活 3～5 年。

（二）流行病学

病畜和带虫者是传染源。同时外界环境温度、水、椎实螺也是本病流行不可或缺的因素。椎实螺繁殖力强，对低温的抵抗力也很强，在冰冻的条件下可以越冬，到春季解冻后又开始活动产卵。虫卵在外界温度低于 12 ℃时停止发育，在 25～30 ℃时 10～15 d 即可孵化出毛蚴。虫卵对干燥的抵抗力差，在干燥的粪便中迅速死亡，在潮湿的环境中能长时间保持生命力；对高温抵抗力差，40～50 ℃经数分钟即死亡；阳光直射 3 min 死亡；对消毒药抵抗力较强。

肝片吸虫病呈地方性流行，多发生于温暖多雨季节。肝片吸虫主要感染牛、羊，但也可感染其他多种哺乳动物及野生动物。大片吸虫的流行病学与肝片吸虫相似。大片吸虫分布偏于热带或亚热带，它的中间宿主特异性不严格。

（三）临床症状

根据病程和症状，可将本病分为急性型和慢性型两类。

1. 急性型　较少，主要见于犊牛，表现为体温升高，精神沉郁，食欲减退或废绝，腹胀，虚弱，步态蹒跚，常落伍于牛群之后，并有腹泻、贫血等症状。肝区敏感，肝半浊音区扩大。严重者多在 3～5 d 死亡。

2. 慢性型　较多见，病牛表现逐渐消瘦，食欲不振，腹泻，周期性瘤胃臌胀及反复出现前胃弛缓。被毛粗乱无光，易脱落。黏膜苍白，牛虚弱无力。后期出现下颌、胸下水肿，高度贫血，母牛不孕或流产，公牛生殖能力降低。如无有效治疗，病牛多因衰竭而死亡。

（四）病理剖检

急性型表现为肝脏肿大、充血，浆膜上有出血点，肺实质出血。严重感染时腹腔内充满大量腹水甚至血液。慢性型表现为肝实质硬变、呈灰白色，胆管扩大，内充满黄褐色胆汁和虫体，管壁粗糙，常有大量钙质和其他盐类沉积，呈灰褐色或黑褐色的颗粒状。肺部有钙化的硬结节，内有暗褐色半液状物和虫体。

（五）实验室检查

粪便检查可采用沉淀法和尼龙筛淘洗法检查虫卵，如发现大量虫体，结合症状即可确诊。当检查出少量虫体但病牛无临床症状时，可判定为"带虫"。另外也可采用皮内变态反应、间接血凝试验或酶联免疫吸附试验等免疫方法进行诊断。

（六）防治

1. 预防

（1）定期驱虫　在本病流行地区，每年春秋季节对牛进行 2 次驱虫。常用药物有硫双二氯酚，每千克体重 10～50 mg，口服。

（2）消灭中间宿主　采用 1：50 000 的硫酸铜、2.5 mg/L 的氯硝柳胺等药物灭螺，或饲养鸭等水禽进行生物灭螺。

（3）粪便无害化处理　将平时和驱虫后的粪便收集在一起，堆肥发酵，经 1～2 个月后再用。

（4）加强饲养管理　选择干燥处放牧，保持饮用水源安全，尽量避免到低洼、湿润、有螺存在的地方放牧。

2. 治疗　临床上选用下列药物治疗效果较好：

（1）硝氯酚　为治疗肝片吸虫的特效药之一，每千克体重 3～4 mg，拌入饲料中喂服；针剂按每千克体重 0.5～1 mg 的剂量深部肌内注射。适用于慢性病例。

（2）阿苯咪唑　每千克体重 20～30 mg，一次口服，对成虫和童虫均有一定的疗效。

（3）三氯苯唑　每千克体重 10～15 mg，一次口服，对成虫和童虫也均有效。另外也可选用硫双二氯酚等进行治疗。

四、牛绦虫病

本病是由扩展莫尼茨绦虫等多种绦虫寄生于牛的小肠所引起的一种蠕虫病。对犊牛的危害严重，不仅影响其生长发育，甚至可引起死亡。常为地方性流行。

（一）病原

引起本病的病原有扩展莫尼茨绦虫、贝氏莫尼茨绦虫，其中以扩展莫尼茨绦虫危害最严重，且常见。虫体的共同特征是黄白色带状，由头节、颈节和许多体节组成长带状，最长可达 5 m，最宽 16 mm。每个成熟节片均有一组或两组生殖器官。虫卵近似三角形、圆形或方形，直径 56～67 μm，卵内有一个含六钩蚴的梨形器。

生活史：莫尼茨绦虫以地螨为中间宿主。节片和虫卵随宿主粪便排出体外，虫卵被地螨吞食后，六钩蚴在其消化道内孵出，穿过肠壁进入血液发育成具有感染性的似囊尾蚴，终末宿主牛等将带有似囊尾蚴的地螨吞食后，地螨被消化而释放出似囊尾蚴，似囊尾蚴吸附在肠壁上，经 15～60 d 发育为成虫并排出孕节。成虫在牛的体内生活期限一般为 2～6 个月，之后即自行排出体外。

（二）流行病学

目前只在莫尼茨绦虫方面的研究较多。本虫为全球性分布，在我国的西北、内蒙古、东北的广大牧区流行广泛，其他各省份也有局部流行。以1.5～7月龄的犊牛最易感染，以后随年龄的增长而获得免疫性。本病的流行与地螨的生活习性密切相关，地螨在适宜的温度、湿度下则繁殖迅速，犊牛一般在1—6月感染率高，8月逐渐降低。

（三）临床症状

莫尼茨绦虫主要感染1.5～7月龄的犊牛。轻微感染时症状不明显，偶尔有消化不良的症状。严重感染则表现出明显的临床症状。严重感染时，犊牛初期出现食欲降低，饮欲增加，甚至腹泻或便秘，继而贫血、消瘦等。寄生虫体过多可引起病牛肠狭窄、肠阻塞、腹围增大、腹痛，甚至肠壁破裂导致腹膜炎而死亡。病牛有时因中毒而出现如抽搐、回旋运动、痉挛等神经症状。在病的后期，红细胞和血红蛋白数量显著降低，出现高度贫血、衰弱、卧地不起、头折向后方、感觉迟钝，最终衰竭而死。

（四）病理剖检

剖检时可看到胸腔、腹腔和心内有不透明液体，肌肉色淡，心内膜出血，心肌变性；小肠中有虫体寄生，在寄生处有卡他性炎症，有的病例有肠壁扩张或臌气、肠套叠等现象。

（五）实验室检查

用饱和盐水浮集法检查粪便中的虫卵。莫尼茨绦虫虫卵近似四角形或三角形，无色，半透明，卵内有梨形器，梨形器内有六钩蚴，用水冲洗粪便时或在粪便表面有黄白色的孕卵节片，压破孕卵节片做涂片，可看到大量虫卵，即可确诊。

（六）防治

1. 预防　预防本病的主要措施是预防性驱虫和控制土壤中的地螨。在流行区，在放牧第1～35天进行绦虫成熟前期驱虫，在第1次驱虫后的10～15 d

进行第 2 次驱虫，间隔 1 个月进行第 3 次驱虫。成年牛也同时驱虫。应尽量避免在低湿地放牧，不在雨天放牧。消灭中间宿主的措施是勤耕、勤翻牧地，结合改良牧草，以破坏地螨滋生场所。

2. 防治　首选药物是吡喹酮，剂量为每千克体重 50 mg，灌服，每天 1 次，连用 2 d；也可用阿苯咪唑，剂量为每千克体重 5～10 mg，灌服。驱虫前应禁食 12 h，驱虫后留于圈内 24 h 以上，粪便无害化处理，以免污染牧场。也可用氯硝柳胺，剂量为每千克体重 60 mg，配成 10% 水悬液，灌服；硫双二氯酚，剂量为每千克体重 40～60 mg，一次口服。

五、牛新蛔虫病

本病是由牛新蛔虫寄生于犊牛的小肠内引起的蠕虫病。主要症状是肠炎、腹泻、腹部胀大和腹痛。初生犊牛大量感染时可引起死亡。本病分布广泛，遍布于世界各地。

（一）病原

牛新蛔虫虫体粗大，黄白色，体表光滑，表皮半透明、较薄、易破裂，形如蚯蚓，如两端尖细的圆柱。雄虫长 11～26 cm、直径 5 mm，雌虫长 11～30 cm、直径 5 mm。头端有 3 个唇片，食管呈圆柱形，后端有一小胃与肠管相接。雄虫尾部呈圆锥形，弯向腹面，有 3～5 对肛后乳突；交合刺 1 对，基本等长。雌虫尾直，生殖孔开口于虫体前 1/8～1/6 处。虫卵近似球形，淡黄色，大小为（70～80）μm×（60～66）μm，壳厚，外层呈蜂窝状，内含一个卵细胞。

生活史：成虫只寄生于 5 月龄以内的犊牛小肠内，雌虫产卵后卵随粪便排出体外，在适当的温度（27 ℃）和湿度下经 7～9 d 发育为幼虫，再经 13～15 d 在卵壳内进行第一次蜕变，变为第二期幼虫，即感染性虫卵。母牛吞食感染性虫卵后，幼虫在小肠内逸出，穿过肠壁移行至肝、肾、肺等器官，进行第二次蜕变，变为第三期幼虫，并停留在上述器官中。当母牛妊娠至约 8.5 个月的时候，幼虫移行至子宫，进入胚胎羊膜液中进行第三次蜕变，变为第四期幼虫。在胎盘的蠕动作用下，幼虫被胎牛吞入肠中发育，至犊牛出生后，幼虫在小肠进行第四次蜕变，经 25～31 d 变为成虫。成虫在小肠中可生活 2～5 个月，以后逐渐从宿主体内排出。幼虫在母牛体内感染胎牛的另一途径是幼虫从胎盘移行至胎牛的肺和肝，然后从支气管、气管、咽喉到小肠，在小肠中发育为成虫。上述两个途径引起生前感染，犊牛出生时小肠中已有成虫。另外，幼虫可在母牛体内移行至乳腺，经乳汁被犊牛吞食，引起生后感染。

（二）流行病学

本病主要发生于 5 月龄以内的犊牛。感染途径有胎内感染和乳汁感染。在成年牛体内，只在内部器官组织中发现寄生有移行阶段的幼虫，尚未见有成虫寄生的情况。阳光中的紫外线、阳光直射及因照射而造成的温度升高均能杀死虫卵。土壤表面的虫卵在阳光直接照射下经 1～2 h 即受到影响，1 h 可被全部杀死。在背阴潮湿的地方，晴天温度较高是有利于虫卵发育的环境，湿度对虫卵的发育关系极大。在干燥的环境中，虫卵经 48～72 h 死亡。虫卵对高温的耐受力也差，在 40～45 ℃下经 3～10 d 死亡。犊牛新蛔虫卵对药物的抵抗力强，在 2% 甲醛中可正常发育。在 29 ℃下，放在 2% 克辽林或 2% 来苏儿溶液中可以存活约 20 h。

（三）临床症状

出生 2 周的犊牛受到的危害最严重，其症状表现为精神不振，后肢无力，嗜睡，不愿走动，消化失调，吸乳无力或停止吸乳，消瘦，腹胀，有疝痛症状；腹泻，排出稀糊样灰白色腥臭粪便，有油滑手感，有时排血便；呼出刺鼻的酸性气体，大量虫体寄生时可引起肠阻塞或穿孔从而引起死亡。犊牛患新蛔虫病的病死率较高。对于出生后通过乳汁感染的犊牛，幼虫移行时在不同组织器官中引起不同的症状，如移行到肝脏时，破坏肝组织，影响食欲和消化；移行到肺脏时，可造成肺组织点状出血，引起肺炎，临床上有咳嗽、呼吸困难等症状；在小肠中孵化发育时，可破坏肠黏膜，引起肠炎，造成消化机能紊乱。

（四）病理剖检

剖检时在小肠中可见到新蛔虫体，或在血管、肺脏里找到移行期幼虫。

（五）实验室检查

通过直接涂片法或饱和盐水浮集法检查粪便中的虫卵。

（六）防治

1. 预防　应采取综合性的预防措施。一是定期驱虫，在本病流行的地区，犊牛在1月龄和5月龄时各进行1次驱虫。常用药物有阿苯咪唑，每千克体重5 mg，混入饲料中或配成混悬液口服；左旋咪唑，每千克体重8 mg，混入饲料或饮水中口服。二是加强饲养管理，注意牛舍的清洁卫生，垫草和粪便要勤清扫并发酵处理，彻底杀灭虫卵。有条件的最好将母牛和犊牛隔离饲养。

2. 治疗　常用驱虫药物有阿苯咪唑和左旋咪唑，按上述驱虫剂量及用法使用。重症后期用盐酸左旋咪唑每千克体重8 mg，口服，同时配合静脉注射25％葡萄糖液200 mL。

六、牛肺线虫病

本病又称网尾线虫病、大型肺虫病，是由丝状网尾线虫和胎生网尾线虫引起的一种寄生性蠕虫病。临床上以咳嗽、气喘、肺炎等呼吸系统症状为特征。

（一）病原

丝状网尾线虫寄生于牛气管及支气管中，虫体呈乳白色、粉丝状，长30～100 mm，虫卵椭圆形，无色透明，大小为（119～135）μm×（71～91）μm，内含1条幼虫。胎生网尾线虫的虫体为丝状、黄白色，长30～70 mm，虫卵椭圆形，大小为85 μm×51 μm。

生活史：网尾线虫不需要中间宿主，雌虫在牛的气管和支气管内产卵，卵随宿主咳嗽时进入消化道，幼虫多在大肠内孵出，随宿主粪便排出体外。幼虫在适宜的条件下（23～37 ℃和一定的湿度）经两次蜕变后变为感染性幼虫。感染性幼虫被牛吞食后，在小肠内脱鞘，钻入肠壁，到淋巴系统进行第三次蜕变，再经血液循环到肺脏，穿过毛细血管壁、肺泡壁到细支气管、支气管和气管进行最后一次蜕变，发育为成虫。整个发育过程需要21～25 d，有时需要1个月。

（二）流行病学

肺线虫病发生于我国各地，多见于潮湿多雨地区，对犊牛危害严重，常呈暴发性流行，造成牛大批死亡。

（三）临床症状

轻度感染时症状不明显。严重感染时，病牛表现为阵发性咳嗽，尤其在夜间休息、驱赶时更为明显，常咳出黏性团块，内含虫卵、幼虫或成虫。呼吸音增强，听诊有湿啰音，病牛流淡黄色黏液性鼻液。发生肺炎时，体温升高到40.5～42℃，食欲减退或废绝，精神委顿，呼吸急促，迅速消瘦，后期病牛极度衰弱，卧地不起，口吐白沫，窒息死亡。

（四）病理剖检

剖检肺部可见不同程度的臌胀不全和肺气肿。有虫体寄生的部位肺表面稍隆起，呈灰白色，切开可见支气管内含有大量混有血丝的黏液和成团虫体。

（五）实验室检查

通过饱和盐水浮集法进行幼虫检查，将粪便反复水洗检查有无幼虫。如果粪便保存时间较长，则在胃肠内寄生的其他线虫的幼虫也会先后孵出，在检查时应加以区分。如果检查出幼虫，结合临床症状及死后剖检从气管、支气管中找到丝状线虫即可确诊。

（六）防治

1. 预防　定期驱虫，在每年放牧前进行2～3次有计划驱虫。常用药物有阿苯咪唑，每千克体重5～10 mg，口服，对牛肺线虫效果较好；左旋咪唑，每千克体重8～10 mg，口服。加强饲养管理，保持牧场清洁干燥，防止潮湿和积水。注意饮水卫生。粪便集中发酵，防止病原体扩散。

2. 治疗

（1）左旋咪唑　每千克体重8 mg，口服；每千克体重4～5 mg，肌内注射或皮下注射。

（2）阿苯咪唑　每千克体重5～10 mg，口服。

（3）伊维菌素　每千克体重200 μg，皮下注射。

也可选用磺苯咪唑或硫苯咪唑，对牛肺线虫的幼虫和成虫均有高效。

七、牛胃肠线虫病

本病又称反刍动物胃虫病，是由圆形目许多科的寄生虫寄生于反刍动物的皱胃及肠道内所引起的线虫病的总称。主要症状是引起不同程度的胃肠炎、消化机能障碍、消瘦、贫血，严重者可造成死亡。本病遍布于我国各地，给畜牧业带来较大的损失。

（一）病原

1. 血矛线虫　血矛线虫的致病性最强，主要为捻转血矛线虫，寄生于牛的皱胃及小肠。虫体呈毛发状，因吸血呈淡红色。雄虫长 15～19 mm，雌虫长 27～30 mm，虫体表皮上有横纹和纵嵴，颈乳突显著。头端尖细，口囊小，内有一矛状角质齿。雄虫交合伞发达，背肋呈"人"字形为其特征。雌虫因白色的生殖器官环绕于红色含血的肠道周围形成红白相间的外观，故称捻转血矛线虫，也称捻转胃虫。阴门位于虫体后半部，有一显著的瓣状阴门盖。卵壳薄，光滑，稍带黄色，虫卵大小为（75～95）μm×（10～50）μm，新鲜虫卵内含16～32 个胚细胞。

2. 仰口线虫　寄生于牛的小肠。虫体前部向背面弯曲，头端口囊较大，口缘有角质切板。雄虫长 12～17 mm，体末端有发达的交合伞、两根等长的交合刺。雌虫长 19～26 mm。虫卵两端钝圆，胚细胞大但数量少，内含暗黑色颗粒。

3. 食管口线虫　口囊呈小而浅的圆筒形，外周有一显著的口领，口缘有叶冠，有颈沟，其前部的表皮常膨大形成头囊。颈乳突位于颈沟后方的两侧，有或无侧翼。雄虫长 12～15 mm，交合伞发达，有一对等长的交合刺。雌虫长16～20 mm，阴门位于肛门前方附近，排卵器发达，呈肾形。虫卵较大。

4. 毛首属线虫　寄生于宿主的大肠（盲肠）内。虫体长 35～80 mm。体前部呈细长毛发状，体后部短粗。虫卵呈长椭圆形，长 70～80 μm、宽 30～10 μm，两端各有卵塞。

生活史：引起本病的上述几种线虫的生活史大致相同，都属直接发育的土源性线虫。下面以血矛线虫为侧重点说明。血矛线虫寄生于牛的皱胃，偶见于小肠。雌虫每天可产卵 5 000～10 000 个，虫卵随粪便排出体外，在适宜的条件下，一昼夜内孵出幼虫，1 周左右经两次蜕皮发育为感染性幼虫（第三期幼虫），主要附着于草叶、草茎或积水中。幼虫畏惧强光，仅于早晨、傍晚或阴天时爬上草叶，日光强烈时又爬回地面。幼虫在外界的生存期为 3 个月到 1 年。牛在吃草时吞食第三期幼虫，幼虫在瘤胃内脱鞘，再到皱胃，钻入胃黏膜，开始摄食。在牛吞食后约 36 h 开始第三次蜕皮，发育为第四期幼虫，之后虫体发育出口囊，吸附于胃黏膜上。牛感染后第 12 天，虫体进入第五期，再过 1 周左右发育为成虫。成虫游离于胃腔中，稍后开始产卵，成虫寿命不超过 1 年。

（二）流行病学

第三期幼虫有鞘膜的保护，对恶劣环境的抵抗力较强，但不耐干燥。虫卵在外界温度为 0 ℃时不发育，且很容易死亡；在 10～37 ℃时，可在数天内发育为第三期幼虫。本病主要发生于春、夏、秋季，幼虫在牧场中的数量在 8 月最高，冬季几乎无幼虫。

（三）临床症状

一般情况下，本病常表现为慢性过程，病牛日渐消瘦，精神萎靡。严重时贫血，卧地不起，下颌间隙及头部发生水肿，呼吸、脉搏速度加快，体重减轻，育肥不良，幼牛生长受阻，食欲减退，腹泻与便秘交替发生，粪便带血。急性发病比较少，主要是因短时间内大量感染后，病牛突然大量失血从而出现恶性贫血而死亡。

（四）病理剖检

剖检尸体主要特征是消瘦、全身贫血，可视黏膜及皮肤苍白，血液稀薄，内脏器官也显苍白，胸腔、心包积液，肝脏呈浅褐色、质脆，皱胃可见大量虫体寄生，胃黏膜水肿，有卡他性炎症，胃内容物呈红褐色。

（五）实验室检查

用饱和盐水浮集法检查粪便中的虫卵。虫卵呈椭圆形，无色透明，卵壳薄，内含多个卵细胞。

（六）防治

1. 预防　定期驱虫，在每年春秋两季进行。常用药物有阿苯咪唑，每千克体重5～10 mg，口服；左旋咪唑，每千克体重5～6 mg，口服。加强饲养管理，合理搭配饲料，增强牛的抵抗力。保持牧场和饮水清洁，有计划地实行轮牧。粪便堆积进行生物热处理。夏季避免牛吃露水草，不在低洼潮湿地放牧，可降低感染概率。

2. 治疗 治疗药物与驱虫药物相同，如阿苯咪唑，每千克体重5～10 mg，口服；左旋咪唑，每千克体重5～6 mg，口服；噻苯唑，每千克体重30～75 mg，配成5%～10%的悬液，口服，对除鞭虫外的其他胃肠道线虫效果很好。

八、牛螨病

本病又称牛螨虫病、疥癣、疥虫病、生癞等，是由疥螨科或痒螨科的螨虫寄生于畜禽体表或表皮内引起的慢性寄生性皮肤病。临床上以剧痒、湿疹性皮炎、脱毛为特征。本病分布广、传染性强、对牛的危害大，严重感染时可造成死亡。

（一）病原

本病病原主要有两类：

1. 疥螨 体形呈龟形，浅黄色。雌虫大小为（0.33～0.37）mm×（0.25～0.35）mm，雄虫大小为（0.20～0.23）mm×（0.11～0.19）mm，腹面有1对粗短的足，前2对足大，超过虫体外缘，每个足的末端有2个爪和1个钟形吸盘；后2对足小，有爪。口器由1对有齿的螯肢和1对圆锥状的须肢组成。雄性的生殖孔在第1对足之间。雌虫有2个生殖孔，1个横裂、1个纵裂。卵呈椭圆形，平均大小为150 μm×100 μm。

2. 痒螨 虫体呈长圆形，体长0.5～0.9 mm，肉眼可见。口器长而呈圆锥形；螯肢细长，两肢上有三角器；须肢也呈细长状；躯体背面有细皱纹。肛门位于躯体末端，足细长。雌虫第1～2对足和雄虫的第3对足有吸盘。雌虫的第3对足上各有2根长刚毛。雄虫第1对足很短，无吸盘和刚毛，腹面后部有2个性吸盘，生殖器居于第4基节之间。雌虫躯体腹面前部有一个宽阔的生殖孔，后端有纵裂的阴道，肛门位于阴道背侧。

生活史：疥螨是不完全变态的节肢动物，发育过程包括卵、幼虫、若虫和成虫4个阶段。疥螨在宿主表皮挖凿隧道，虫体在隧道内进行发育和繁殖。雌虫在隧道中产卵，每个雌虫一生可产卵 40～50 个。卵孵出幼虫，幼虫有 3 对足，孵出的幼虫爬出皮肤表面，在毛间的皮肤开凿小穴，并蜕化为若虫。若虫再钻入皮肤，挖掘隧道，并蜕化为成虫。雄虫于交配后即死亡。雌虫寿命为 4～5 周。疥螨的整个发育期为 8～22 d，平均 15 d。对于痒螨，首先雌螨在皮肤上产卵，约经 3 d 孵出幼螨，幼螨采食 24～36 h 进入静止期后蜕皮成为第一若螨，再经 21 h 及静止期蜕皮成为雄螨或第二若螨，第二若螨蜕皮发育为雌螨。雌螨交配后采食 1～2 d 后开始产卵，一生可产卵 10 个左右，寿命为 12 d。痒螨的整个发育过程为 10～12 d。

（二）流行病学

病牛是本病的传染源。本病主要通过健康牛和病牛直接接触传播及间接通过被螨虫污染的栏、圈、用具而感染。主要发生于冬季和秋末春初，饲养管理条件差、牛舍阴暗潮湿、牛体污秽时易造成本病发生。牛场内的人、猫、犬、鼠等都可互相感染。犊牛较成年牛易感，且症状更严重，随年龄增长，牛体免疫力增强。

（三）临床症状

牛的疥螨和痒螨经常混合感染，感染一般经 2～4 周出现症状。病初，病牛表现为病变部位发痒，当牛运动后体温升高时或进入温暖牛舍时则痒感加剧。由于剧痒，病牛不停地啃咬患部或在各种物体上摩擦，使患部脱毛、落屑甚至出血。随后皮屑、污物、被毛和渗出物黏结在一起形成痂垢。痂皮很薄、很硬，表面平整，一段时间后，一端稍翘起，去除痂皮后流出带血的渗出液，也可见到黄白色的虫体爬出。以后又重新结痂，皮肤增厚，失去弹性，上面布满皱纹甚至龟裂，严重时流出恶臭分泌物。初期多在头、颈部出现病变，严重时可蔓延至全身。剧痒使病牛长期烦躁不安，影响其正常的采食和休息，病牛营养状况逐渐下降，表现为消瘦。若发生继发感染，则出现体温升高、精神不振等全身症状，严重时可引起病牛死亡。

（四）实验室检查

诊断本病除根据流行特点、临床症状之外，采取病变部痂皮检查有无虫体才能确诊。

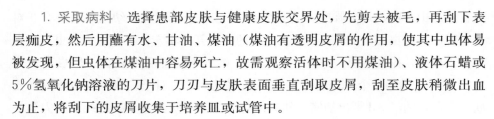

1. 采取病料　选择患部皮肤与健康皮肤交界处，先剪去被毛，再刮下表层痂皮，然后用蘸有水、甘油、煤油（煤油有透明皮屑的作用，使其中虫体易被发现，但虫体在煤油中容易死亡，故需观察活体时不用煤油）、液体石蜡或5％氢氧化钠溶液的刀片，刀刃与皮肤表面垂直刮取皮屑，刮至皮肤稍微出血为止，将刮下的皮屑收集于培养皿或试管中。

2. 检查方法

（1）直接检查法　将刮下的皮屑放于培养皿中在日光下暴晒，或加温至10～50 ℃，经 30～50 min 后移去皮屑，用肉眼观察，可见白色虫体的移动。此法适用于虫体较大的痒螨。

（2）沉淀法　将刮取的皮屑病料放入试管中，加入 10％氢氧化钠溶液，浸泡 2 h 后用离心机以 2 000r/min 的速度离心 5 min，弃去上清液，取沉淀少许于载玻片上，盖上盖玻片后用低倍镜检查虫体。

（3）漂浮法　按沉淀法步骤处理后，在沉渣中加入 60％硫代硫酸钠溶液，直立试管 10 min，待虫体上浮取表层液镜检。

（五）防治

1. 预防　加强饲养管理，保持牛舍干燥，通风良好，经常清扫，定期消毒。平时注意牛群中有无掉毛及瘙痒现象，要及时挑出可疑病牛，隔离饲养、早期治疗。同时消毒周围环境，治愈病牛应继续观察 20 d，如未再发病，再次用杀虫药处理后方可合群。从外地引入牛时，应事先了解原产地有无本病存在，引入后隔离观察一段时间，并做好螨虫检查，无病时再并入牛群。饲养管理人员要注意消毒，以免通过手、衣服和用具传播病原。

2. 治疗

（1）局部涂药疗法　方法是将患部被毛剪去，除掉痂皮和污物，痂皮和污物消毒处理，将患部用 2％来苏儿刷洗一次，干燥后涂药，应治疗 2～3 次，每次间隔 5～7 d。涂药疗法可选用下列处方：

①敌百虫液　取来苏儿 5 份溶于 100 份温水中，再加入 5 份敌百虫即成。0.05％锌硫磷涂擦、喷雾或药浴。

②来苏儿油剂　以 19 份煤油加 1 份来苏儿即成。0.1％～0.2％杀虫脒溶液或乳剂喷洒、涂抹或药浴。

③狼毒散　配方为狼毒粉 1 份，山葱粉 1 份，硫黄 1 份，棉油 7 份。调制

时先将棉油煮沸，加上上述 3 味中药粉混调，凉后使用。

④杀螨虫　每瓶 10 mL，加水 3.5～5 kg 后，涂抹患部。若全身大面积发生，涂抹时应分期分批进行，以防中毒。

（2）注射疗法　用伊维菌素或阿维菌素每千克体重 0.02 mL，皮下注射。严重病例于 1 周后再重复用药一次，疗效较好。

第八章
南阳牛养殖场建设与环境控制

第一节　南阳牛养殖场选址与建设

　　牛场场址的选择要有周密的考虑、统筹的安排和比较长远的规划，必须与农牧业发展规划、农田基本建设规划以及以后修建住宅规划结合起来，必须适应于现代化养牛业的需要。所选场址要有发展的余地，选址原则如下：

　　1. 地势　高燥、背风向阳，地下水位 2 m 以下，具有缓坡坡度的北高南低、总体平坦的地方，绝不可建在低洼或低风口处，以免排水困难、汛期积水及冬季防寒困难。

　　2. 地形　开阔整齐，正方形、长方形，避免狭长或多边形。

　　3. 水源　要有充足的合乎卫生要求的水源，取用方便，保证生产、生活及人畜饮水。水质良好，不含毒物，确保人畜安全和健康。

　　4. 土质　沙壤土最理想，黏土最不适宜。沙壤土土质松软，抗压性和透水性强，吸湿性、导热性小。沙壤土雨水、尿液不易积聚，雨后没有硬结，有利于牛舍及运动场的清洁与卫生干燥，有利于防止蹄病及其他疾病的发生。

　　5. 气候　要综合考虑当地的气候因素，如最高温度、湿度、年降水量、主风向、风力等，以选择有利地势。

　　6. 社会联系　应便于防疫，位于距村庄居民点 500 m 以上的下风处，距主要交通要道如公路、铁路至少 500 m，距化工厂、畜产品加工厂等 1 500 m 以上，交通供电方便，周围饲料资源（尤其是粗饲料资源）丰富，且尽量避免周围有同等规模的饲养场，避免原料竞争。符合兽医卫生的要求，周围无传染源。

第二节　牛场规划与布局

一、设计原则

修建牛舍的目的是给牛创造适宜的生活环境，保证牛的健康和生产的正常运行，花较少的饲料、资金、能源和劳力，获得更多的畜产品和较高的经济效益。设计肉牛舍应掌握以下原则：

1. 创造适宜的环境　适宜的环境可以充分发挥牛的生产潜力，提高饲料利用率。一般来说，牛的生产力 20％ 取决于品种，10％～50％ 取决于饲料，20％～30％ 取决于环境，不适宜的环境温度可使牛生产力下降 10％～30％，此外即使喂给全价饲料，如果没有适宜的环境，饲料也不能最大限度地转化为畜产品，从而降低了饲料利用率。由此可见，修建牛舍时，必须符合牛对各种环境条件的要求，包括温度、湿度、通风、光照及空气中的二氧化碳、氨、硫化氢，为牛创造适宜的环境。

2. 符合生产工艺要求，保证生产的顺利进行和畜牧兽医技术措施的实施生产工艺包括牛群的组成和周转方式、运送草料、饲喂、饮水、清粪等，也包括测量、称重、采精输精、防治和生产护理等措施。修建牛舍必须与本场生产工艺相结合，否则将会给生产造成不便，甚至使生产无法进行。

3. 严格卫生防疫，防止疫病传播　流行性疫病对牛场会形成威胁，造成经济损失。通过修建规范牛舍，为牛创造良好环境，将会防止和减少疫病发生。此外修建牛舍时还要特别注意卫生要求，以利于兽医防疫制度的执行。要根据防疫要求合理进行场地规划和建筑物布局，确定牛舍的朝向和间距，设置消毒设施，合理安置污物处理设施等。

4. 经济合理，技术可行　在满足以上 3 项要求的前提下，牛舍修建还应尽量降低工程造价和设施投资，以降低生产成本，加快资金周转。因此栏舍修建应尽量利用自然界的有利条件（自然通风、自然光照等），尽量就地取材，采用当地施工建筑习惯，适当减少附属用房面积。牛舍设计方案必须是通过施工能够实现的，否则方案再好而施工技术上不可行也只能是空想的设计。

二、建设规模

肉牛场建设规模分为大、中、小型，存栏肉牛分别为 1 000 头以上、400～

1 000 头、100～200 头。

三、牛舍规划面积

拴系饲养肉牛的占栏面积，6 月龄以上的青年肉牛为 1.4～1.5 m/头，成年牛为 2.1～2.3 m/头。占栏面积是指牛舍活动范围，不包括运动场、饲喂通道和饲槽等。

四、牛场建设布局

牛场建设可分为生活管理区、生产配套区、生产区和隔离区。各功能区要从上风向至下风向分布，要界限分明、联系方便。各功能区间距不少于 50 m，应设有隔离带或隔离墙。

1. 生活管理区　设在场区上风向及地势较高处，主要包括生活设施、办公设施及与外界密切接触的生产辅助设施。设主大门，大门口应设有消毒池和消毒间。

2. 生产配套区　包括饲料库和饲料加工车间。设在生产区和生活管理区之间，应方便车辆运输。

3. 生产区　设在场区中间，主要包括牛舍及相关生产辅助设施。

4. 隔离区　设在场区下风向或地势较低处，主要包括兽医室、隔离牛舍、粪场、装卸牛台和污水池等。

第三节　牛舍建筑

一、建舍要求

牛舍建筑要根据当地的气温变化和牛场生产用途等因素来确定。牛舍建筑要因陋就简、就地取材、经济实用，还要符合兽医卫生要求，做到科学合理。有条件的可建质量好的、经久耐用的牛舍。

牛舍内应干燥、冬暖夏凉，地面应保温、不透水、防滑，且污水、粪尿易排出舍外。舍内清洁卫生，空气新鲜。

由于冬季、春季风向多偏西北，牛舍以坐北朝南或朝东南为好。牛舍要有一定数量和大小的窗户，以保证光线充足和空气流通。房顶有一定厚度，隔热保温性能好。舍内各种设施的安置应科学合理，以利于肉牛生长。

二、基本结构

1. 地基与墙体　基深 80～100 cm，砖墙厚 24 cm，双坡式牛舍脊高 4.0～5.0 m，前后檐高 3.0～3.5 m。牛舍内墙的下部设墙围，防止水汽渗入墙体，提高墙的坚固性、保温性。

2. 门窗　门高 2.1～2.2 m、宽 2～2.5 m。门一般设成双开门，也可设上下翻卷门。封闭式的窗应大一些，高 1.5 m、宽 1.5 m，窗台高以距地面 1.2 m 为宜。

3. 屋顶　最常用的是双坡式屋顶。这种形式的屋顶可适用于较大跨度的牛舍，可用于各种规模的各类牛群。这种屋顶既经济，保温性又好，而且容易施工修建。

4. 牛床和饲槽　肉牛场多为群饲通槽喂养。牛床一般要求是长 1.6～1.8 m、宽 1.0～1.2 m。牛床坡度为 1.5%，牛槽端位置高。饲槽设在牛床前面，以固定式水泥槽最适用，其上宽 0.6～0.8 m、底宽 0.35～0.40 m，呈弧形，槽内缘高 0.35 m（靠牛床一侧），外缘高 0.6～0.8 m（靠走道一侧）。

为操作简便、节约劳力，应建高通道、低槽位的道槽合一式，即槽外缘和通道在一个水平面上。

5. 通道和粪尿沟　对头式饲养的双列牛舍，中间通道宽 1.4～1.8 m。通道宽度应以送料车能通过为原则。若建道槽合一式，道宽 3 m 为宜（含料槽宽）。粪尿沟宽应以常规铁锨正常推行方便的宽度为易，宽 0.25～0.3 m、深 0.15～0.3 m，倾斜度 15°。

6. 运动场、饮水槽和围栏　运动场的长度应以与牛舍长度一致对齐为宜，这样整齐美观，可充分利用地皮；其宽度应参照每头牛 10 m² 设计而计算。牛随时都要饮水，因此除舍内饮水外，还必须在运动场边设饮水槽。槽长 3～4 m、上宽 70 cm、槽底宽 40 cm、槽高 40～70 cm。每 25～40 头应有一个饮水槽，要保证供水充足、新鲜、卫生。运动场周围要建造围栏，可以用钢管建造，也可用水泥桩柱建造，要求结实耐用。

三、牛舍建造

1. 封闭式牛舍　封闭式牛舍多采用拴系饲养。又分为单列式和双列式两种。

（1）单列式　只有一排牛床。这类牛舍跨度小，易建造，通风良好，适宜于建成半开放式或开放式牛舍。这类牛舍适用于小型牛场。

（2）双列式　有两排牛床。一般以100头左右建一幢牛舍，分成左右两个单元，跨度12 m左右，能满足自然通风的要求。尾对尾式中间为清粪道，两边各有一条饲料通道；头对头式中间为送料道，两边各有一条清粪通道。

2. 半开放式牛舍　半开放式牛舍三面有墙，向阳一面敞开，有顶棚，在敞开一侧设有围栏。这类牛舍的开敞部分在冬季可以遮拦，形成封闭状态，从而达到夏季利于通风、冬季能够保暖的目的，使舍内小气候得到改善。这类牛舍相对封闭式牛舍来讲造价低、节省劳动力。塑料暖棚牛舍是近年来北方寒冷地区推出的一种较保温的半开放式牛舍。这种牛舍就是在冬季将半开放式或开放式肉牛舍用塑料薄膜封闭敞开部分，利用太阳能和牛体散发的热量使舍温升高，同时塑料薄膜也避免了热量散失。

修筑塑膜暖棚牛舍要注意以下几方面问题：一是选择合适的朝向，塑膜暖棚牛舍需坐北朝南；二是选择合适的塑料薄膜，应选择对太阳光透过率较高而对地面长波辐射透过率较低的聚乙烯等塑膜，其厚度以$80 \sim 100 \mu m$为宜；三是要合理设置通风换气口，棚舍的进气口设在棚舍顶部的背风面，上设防风帽，排气口的面积以$20 cm \times 20 cm$为宜，进气口的面积是排气口面积的一半，每隔3 m远设置一个排气口。

3. 装配式牛舍　这种牛舍以钢材为原料，工厂制作，现场装备，属敞开式牛舍。屋顶为镀锌板或太阳板，屋梁为角铁焊接；U形食槽和水槽为不锈钢制作，可随牛的体高随意调节；隔栏和围栏为钢管。

装配式牛舍室内设置与普通牛舍基本相同，其适用性、科学性主要体现在屋架、屋顶和墙体及可调节饲喂设备上。屋架梁是由角钢预制，待柱墩建好后装上即可。架梁上边是由角钢与圆钢焊制的檩条。屋顶自下往上是由3 mm厚的镀锌铁皮、4 cm厚的聚苯乙烯泡沫板和5 mm厚的镀锌铁皮瓦构成，屋顶材料由螺丝贯穿固定在檩条上，屋脊上设有可调节的风帽。墙体四周60 cm以下为砖混结构（围栏散养牛舍可不建墙体）。每根梁柱下面有一钢筋水泥混柱墩，其他部分为水泥砂浆面。饲养员住室、草料间与牛舍隔墙为普通砖墙外粉刷水泥砂浆；牛舍前后两面墙体60 cm以上部分安装活动卷帘。卷帘分内外两层，外层为双帘子布中间夹腈纶棉制作的棉帘，内层为单层帘子布制作的单帘，两层卷帘中间安装钢网，双层卷帘外有防风绳固定。

装配式牛舍为先进技术设计，采用国产优质材料制作。其适用性、耐用性及美观度均居国内一流，其主要特点是：

适用性强：保温、隔热、通风效果好。牛舍前后两面墙体由活动卷帘代替，夏季可将卷帘拉起，使封闭式牛舍变成棚式牛舍，自然通风效果好。屋顶部安装有可调节风帽。冬季卷帘放下时通风调节帽内蝶形叶片使舍内氨气排出，达到通风换气效果。

耐用：牛舍屋架、屋顶及墙体根据力学原理精心设计，选用优质防锈材料制作，既轻便又耐用。

美观：牛舍外墙采用金属彩板（红色、蓝色）扣制，外观整洁大方、十分漂亮。

造价低：按建筑面积计算，每平方米造价仅为砖混结构、木屋结构牛舍的80%左右。

建造快：其结构简单，工厂化预制，现场安装，因此省时。一栋标准牛舍一般 15～20 d 即可造成。

第四节　牛场卫生消毒制度

牛场消毒的目的是消灭传染源、切断传播途径、阻止疫病蔓延。牛场应建立切实可行的消毒制度，定期对生活区、生产区、污水等进行消毒和无害化处理。

1. 生活区　办公室、食堂、宿舍及其周围环境每月消毒 1 次。

2. 生产配套区　饲料库及饲料加工车间每生产 1 次或进出 1 次饲料及原料需消毒 1 次。

3. 各区正门消毒池　每月至少更换池水、消毒药 2 次，保持有效的浓度。

4. 车辆　进入生产区和配套区的车辆必须彻底消毒，随车人员消毒同生产人员一样。

5. 生产区环境　生产区道路及两侧 5 m 范围内、牛舍间空地每月至少消毒 2 次。

6. 牛舍、牛群　除保持通风、干燥、冬暖夏凉外，平时要作为消毒的重点区域。一般分两步进行：第一步先进行机械清扫；第二步用消毒液。每周至

少消毒 1 次。

7. 人员消毒　进入牛舍人员必须通过消毒池进行靴鞋消毒，并使用消毒液对手部进行消毒。

8. 粪便的生物发酵处理　粪便多采用生物热发酵处理，即在距离牛场 100～200 m 以外的地方设堆粪场，将牛粪堆积起来，喷少量水，上面覆盖 10 cm 左右的湿泥封严，堆放发酵 30 d 以上即可做肥料。

9. 污水的无害化处理　牛场应设专门的污水处理池，加入化学药品（如漂白粉或其他氯制剂）进行消毒。用量视污水量而定，一般 1 升污水用 2～5 g 漂白粉。

消毒药及消毒药的配制见表 8-1。

表 8-1　消毒药及其配制

消毒药	消毒对象及范围	配制浓度
氢氧化钠	大门口消毒池、道路、空栏	2%～3%
生石灰	道路、环境、墙壁、空栏	直接使用调制的石灰乳
百毒杀	生活、办公区、牛舍及消毒池	1∶(800～1 000)
全碘	生活、办公区、牛舍及消毒池	1∶(800～1 000)

第五节　牛场人员组织架构及岗位定编

一、牛场人员组织架构

见图 8-1。

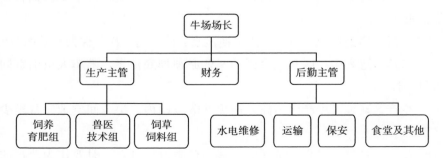

图 8-1　牛场组织架构

二、岗位定编

1. 牛场场长 1 人，生产主管 1 人。
2. 饲养育肥组组长 1 人，饲草饲料组组长 1 人。
3. 兽医技术组组长 1 人，后勤人员按实际岗位需要设置人数。
4. 饲养员等根据牛群大小按实际需要设置人数。

第九章
南阳牛规模养牛场种养结合典型模式

南阳牛的发展经历了由千家万户饲养到规模化饲养。饲养规模不断扩大，造成规模化养牛场粪污排泄量增大。粪污还田、资源化利用等方法，可显著降低环境污染。河南省科尔沁肉牛养殖有限公司在粪污减量化排放、无害化处理、资源化利用等方面的做法值得借鉴。

一、养殖场基本情况

河南省科尔沁肉牛养殖有限公司所处地理位置的土壤类别大部分为棕钙土、淡钙土，场地地层主要为粉沙土，分布稳定，土层深厚，保水保肥性好，适生植物种类繁多。土壤岩性比较均匀，地质条件比较简单，适宜建筑，地耐力 130kPa。

公司占地面积 19.23 万 m²，绿化、硬化面积 2.5 万 m²，有标准化养殖圈舍 10 栋（共 3 000 m²），生产设施完备，购进全混合日粮（TMR）混料机，日粮通过 TMR 混料机配制，全面推行全价日粮养牛技术。购进利拉伐自动上料机，实施自动化高效饲喂技术。目前存栏肉牛 1.2 万余头，日排放粪便约 30 t，收集污水约 27 t，各年龄段牛粪尿量统计结果见表 9 - 1。

表 9 - 1　各年龄段牛粪尿量统计结果

项目	1～6月龄小牛	12 月龄小母牛	18 月龄小母牛	12 月龄小肉牛
体重（kg）	140	270	380	400
粪尿量（L/d）	7	14	21	27

该公司采用"种植业—饲料加工—养牛业—有机肥生产—种植业"的循环

经济发展模式，开展规模养殖场污染综合治理与利用，建有大型无害化处理设施、沼气化粪池，固液分离、雨污分流、分别处理、化废为宝、综合利用，形成生态与经济两个良性循环。

二、技术模式简述

（一）减量化技术措施

强调污染物源头减量化，生产工艺上清洁生产。养殖场建立排水系统，实施雨污分离；采用用水量少的干清粪工艺，牛粪污日产日清，实施固液分离。利用太阳能、风力等能量对牛粪便进行干燥处理，减少粪便中的水分和臭味。源头上减少污染物产生和数量，降低污水中的污染物浓度，从而降低处理难度和处理成本。

（二）固体粪污、液体粪污无害化处理技术路线及效果

固体粪便采用干燥处理法和高温好氧堆肥法进行无害化处理。无害化处理具有省能源、低成本、发酵产物活性强、处理过程养分损失少等优点，并且也可达到去除臭味、灭菌的目的，处理的最终产物较干燥，易包装、施用。液态粪水利用沼气厌氧处理。

（三）粪污循环利用、资源化利用或达标排放情况

固体粪便干燥后，一部分加工成颗粒肥料，一部分种植双孢菇或养殖蚯蚓。液态粪水沼气利用：沼气经过脱硫、脱水等净化措施，经过输配气系统用于职工食堂生活用气；沼渣好氧堆肥生产有机肥；沼液进一步经固液分离后一部分作为液体肥料用于农田施用，一部分进一步处理后达标排放回用。

三、工艺流程及技术要点

（一）减量化排放

可通过养殖模式调整、改进养殖场生产工艺，进行科学的饲养管理，采用用水量少的干清粪工艺，减少牛粪污的产生量与排放量，多种途径实施干湿分离、雨污分离、饮排分离等科学手段和方法，来达到降低污水数量及浓度，降

低处理难度及处理成本的目的。

（二）无害化处理

1. 固体粪污进行高温堆肥或用作培养料　人工清出的粪便用拖拉机运至集粪车间，采用动态发酵工艺，以促进微生物旺盛活动，发酵物料在适当的碳氮比、合适的水分和充分的有氧环境条件下利用生物发酵产生一个逐步升温的过程（30～80℃），从而达到迅速杀灭牛粪中病原微生物、寄生虫虫卵，提高发酵速度和生产速度，实现大规模生产的目的。

2. 污水综合处理系统　全场的污水经过各个支道汇集到初沉淀池、沟，通过排水沟自流到集水调节池，集水调节池前设置两道格栅以清除污水中较大的杂物，集水调节池容积至少可贮存一次的进水量，污水经过沉淀后，通过水泵等动力提升系统将污水排出场外水解酸化池经厌氧发酵，再排出生物曝气池进行耗氧处理。处理后的污水流入二次沉淀池，通过消毒净化，待污水化学需氧量经测量达标后，用来灌溉草地或耕地。回用水进行三级处理，即将处理后的污水排入鱼塘内，经鱼塘内滤食性鱼类（鲢等）进一步的处理后排放回用，既减少了对环境的污染，节约用水开支，又有利于疫病防治。

为了便于粪水从贮存池内排出，该公司配备多台泵。粪污贮存设施必须距离地表水面 400 m 以上。粪污贮存容积满足要求，贮存池的设计容量须达到能够容纳 6 个月粪污的贮存量。粪污贮存设施设置明显标志和围栏等防护设施，保证人畜安全，同时粪污贮存设施采取防渗漏、防溢流、防雨水、防恶臭、水泥硬化等措施。

3. 工艺特点

（1）畜禽粪便污水可全部进入处理系统，污水总的固体物浓度可高达 10%。

（2）厌氧消化器采用全混合厌氧池等。

（3）沼气利用方式为炊用。

（4）沼液、沼渣进行综合利用，建立以沼气为纽带的良性循环生态系统，提高沼气工程综合效益。

（三）资源化利用

1. 生产有机复合肥料　固液分离后产生的固粪、沼渣制成固体有机复合肥。有机复合肥生产工艺：原料-加生物菌-翻搅-筛选-成品-包装-（检验）

入库。

根据槽式发酵处理工艺的需要，有机肥车间的构筑物包括预处理槽、发酵槽等，厂房面积1 200 m²；配套主要设备24台（套）。目前有机肥料每吨售价800元，每生产1 t有机肥料产品，扣除设备投入折旧、生产管理和销售成本（350元/t），每吨可获利450元。

2. 生物转化利用

（1）养殖蚯蚓　牛粪可经过简单的堆肥发酵或直接利用鲜牛粪进行蚯蚓养殖。通过蚯蚓的新陈代谢作用，提高粪便中有机物质的发酵分解速度（通常能提高3～4倍），将牛粪转化为物理、化学和生物学特性俱佳的蚯蚓粪，获得了稳定的低碳氮比的产品。这项技术工艺简便、费用低廉，能获得优质有机肥和高蛋白质饲料，不产生二次废物，不会形成二次环境污染。养殖蚯蚓关键是牛粪pH、温度、湿度的掌控。

（2）种植双孢菇　牛粪堆放沥水后，及时拉到晒粪场晾晒。根据场地大小，将湿牛粪摊开，厚度适当，让其自然晒干成牛粪饼，晾晒时不要随意翻动，越翻动越不容易晒干，最后即使晒干也是粉状而不便贮存（牛粪的晾晒方法也可根据场地的情况和季节的不同灵活运用）。牛粪晒干后用编织袋包装贮存用作种植双孢菇的基料（有条件的可以在室内贮存防止霉变）。

3. 牛粪直接还田利用　部分牛粪发酵处理后直接还田，既提高牛场收入，又改善了牛场环境污染，年牛粪的收益为10.92万元。

4. 沼气能源化利用　采用牛粪尿生产沼气后，牛粪尿产生的总沼气量和肥料效益的年总收益很可观的。

第十章
开发利用与品牌建设

第一节　资源保护现状

一、育种现状

截至 2019 年，皮埃蒙特牛级进杂交育种和德国黄牛导血育种已分别历经 33 年和 22 年，规划建立了以南阳黄牛科技中心、南阳市黄牛良种繁育场为技术龙头，以县区技术服务部门为桥梁，以乡、村养牛场和养牛大户为重点，辐射全区、集中连片的社会育种区；同时健全了三级配合、上下联动的良种繁育体系。

按照技术路线，经过多个世代的杂交、级进（或回交）和横交固定，育种进程均进入自群繁育和群体稳定阶段。南阳市黄牛良种繁育场已建立 300 头规模的德国黄牛导血育种核心群，新野县建立了 250 头规模的皮埃蒙特牛级进杂交育种核心群；培育德系（外血 25%）优秀种公牛 10 头，皮系（外血 ⩾75%）优秀种公牛 3 头；形成了 7.8 万头规模的德国黄牛导血社会基础群和 4.2 万头皮埃蒙特牛级进杂交基础群，其中能繁母牛分别达到 4.5 万头和 2.6 万头；累计良种登记：优秀德南杂种母牛 3.2 万头，皮南杂种母牛 1.8 万头。

二、育种成效

育种效果显著：一是育种后代生长发育快，1.5 岁前，德国黄牛导血及皮埃蒙特牛级进杂交牛日增重比南阳牛均提高 11% 以上；二是产肉率和泌乳量表现突出，分别比南阳牛提高 12% 和 50% 以上；三是表型性状改善明显，背腰宽广平直，后躯发达，方块体型突出，有效纠正了南阳牛背腰欠宽广、尻部尖斜的缺陷。

第二节　新品种培育与推广

一、皮南牛培育与推广

为了探索皮埃蒙特牛与南阳牛杂交改良潜力，1986年，中国农业科学院与意大利国家农业研究委员会签订了"中意肉牛合作项目"，中意双方科技人员共同制定了利用皮埃蒙特牛对南阳牛实施杂交改良试验方案。本试验得到了意大利农业委员会、中国畜牧兽医研究所、省市畜牧局大力支持。意大利专家Bosticco教授和Benatti教授以及中国农业科学院畜牧兽医研究所原所长陈幼春曾多次来南阳进行具体的指导和考察。近30年来南阳市持之以恒地抓皮南牛品种培育，以皮埃蒙特牛为父本，以南阳牛为母本，通过杂交创新，经横交固定自群繁育培育皮南牛。在搞好皮南牛育种工作的同时，还注重皮南牛产业化开发。

1987年8月从意大利引进500支皮埃蒙特牛冻精细管（5头公牛各100支），在南阳市新野县王集乡首批开展皮埃蒙特牛与南阳牛的杂交试验，原南阳行署畜牧局负责实施，中国农业科学院畜牧研究所负责技术指导。皮南杂交一代牛初生重平均35.0 kg，比南阳牛增长5.0 kg，6月龄平均断奶体重197 kg，18月龄体重479 kg，屠宰率61.4%，净肉率53.8%，眼肌面积141 cm²。自1992年以来新野县高度重视皮南牛改良工作，在全县范围内普及推广皮埃蒙特牛杂交改良，全县按照半径不超过2.5 km的原则，高标准修建58个冷配改良站点，形成县、乡、村、组四级改良网络，全县黄牛改良率达100%。至2019年年底，累计用皮埃蒙特牛杂交改良南阳牛86.8万头，推广皮南牛25万头，取得了显著的社会效益、经济效益和生态效益。

1989年从意大利引进皮埃蒙特牛胚胎16枚，在南阳地区黄牛场、唐河县桐寨铺开展胚胎移植工作，所产3头（2母1公）牛饲养在南阳地区家畜冷冻精液中心站，并生产皮埃蒙特牛冷冻精液。1992年又引进皮埃蒙特牛胚胎150枚，并在南阳地区黄牛场开展小范围胚胎移植工作。1997年以后中国农业科学院畜牧研究所、河南省农业科学院先后开展皮埃蒙特牛胚胎移植工作。冷冻胚胎移植黄牛妊娠率为44.4%，鲜胚妊娠率为60%。共产出皮埃蒙特牛胚胎移植牛63头，有效地解决了皮埃蒙特牛种源问题。

为进一步检验皮南牛的产肉性能，2008年9月在新野县挑选皮南公牛、南阳牛公牛各 10 头，进行 90 d 的强度育肥，并进行了屠宰试验。全部采用自由采食，固定专人专槽喂养。预饲期间对参试牛进行编号、健康检查、驱虫健胃、称重等。粗饲料均为青贮玉米秸秆，精饲料为玉米、豆粕、麸皮、4%预混料。饲喂时按照精粗搭配原则，先粗后精。按实际体重的 1% 喂精饲料，粗饲料以青贮玉米为主，饲喂不限量。皮南牛具有较高的日增重，平均日增重 1.62 kg，高于南阳牛平均日增重（1.28 kg），说明肉牛育肥效果主要取决于品种的遗传基础，不同品种育肥期的增重速度有很大不同。皮南牛平均屠宰率 65.6%，比南阳牛高 10.3%；净肉率 55.4%，比南阳牛高 9.0%；眼肌面积平均 121.4 cm²，比南阳牛高 24.7 cm²；优质肉切块率、高档牛肉率分别高出南阳牛 7.3%、2.7%。皮南牛具有较好的生产潜力和产肉性能。

良种登记是肉牛育种工作的基础。制定完善皮南牛种公牛和种母牛卡片、母牛配种登记簿、体尺体重及外貌评分登记表、背膘厚、肌间脂肪、眼肌面积等表格。为确保育种工作的连续性进展，已建立 1 个种公牛站、1 个皮南牛扩繁场、2 个二级育种场、12 个配种基点。按照测量的统一标准，统一测量方法，由育种技术组的技术人员负责皮南牛的数据测量信息采集工作。每个阶段的牛按照出生、6 月龄、12 月龄、18 月龄、24 月龄，测量体高、胸围、体斜长、坐骨宽、管围、体重等生产性能。在皮埃蒙特牛扩繁场、种公牛站利用 B 超仪测定背膘厚、肌间脂肪、眼肌面积等。同时，将采集数据信息输入皮南牛育种登记管理系统。

科尔沁牛业南阳有限公司被确定为河南省肉牛产业化集群示范区后，先后引进项目 11 个，计划总投资 50 亿元，已完成投资 15.8 亿元，实现了肉牛产业集群示范区的"全链条全循环、高质量高效益"发展。一是全链条。建设有肉牛品种繁育场、万头育肥场、10 个千头肉牛育肥场、28 个百头肉牛育肥场、TMR 加工厂和年屠宰 10 万头肉牛加工厂、熟食品加工厂等，形成了良种繁育、母牛养殖、肉牛育肥、饲草饲料生产、屠宰加工、物流运输、产品销售的全产业链经营。二是全循环。成立科尔沁农机专业合作社，规划 10 万亩高效示范田，启动蚯蚓养殖和生化制药、沼气发电、有机肥生产等项目建设，通过秸秆回收养牛、牛粪养殖蚯蚓、蚯蚓生化制药、沼气发电、有机肥生产等实现了农业生产系统内循环，达到污染物土地消纳零排放。三是高质量。投资 1 280 万元，引进质量安全管理技术，发展标准化养殖，实行统一管理，建立健全食品安全可视追溯体系，确保了农产品质量，研发的高档牛肉向第七届全国农民运动会供应。四是高效益。围绕肉牛产业链，引进法国种子、技术，种植 10 万亩高效甜玉米，配套建设玉米脱粒加工厂、甜玉米食品罐头厂，降低养牛成本，提高转化效益，探索出以农促牧、农牧一体发展的新路子。

皮埃蒙特牛改良南阳牛技术得到农业部、科技部、国家外国专家局，河南省科学技术厅、畜牧局，南阳市科学技术局、人力资源和社会保障局、畜牧局等单位大力支持，1998 年承担了农业部"皮埃蒙特牛杂交改良技术示范推广"，1998—2001 年先后承担了国家和河南省、国家外国专家局"皮埃蒙特牛杂交改良技术推广及产业化生产"，2009—2014 年农业部"肉牛良种补贴"，2012 年"河南省高档牛肉生产开发"，2014 年农业部"肉牛基础母牛扩群增量"，2014—2019 年河南省畜牧局"南阳肉牛新品种培育（皮南牛）"等项目。通过项目实施，有力地推动了皮南牛杂交改良、胚胎移植技术推广，促进了皮南牛育种工作。2019 年河南省畜牧总站组织有关专家在南阳召开皮南牛品种审定座谈会，正式启动皮南牛品种审定工作。

二、德南牛培育与推广

南阳牛生产性能与国外肉用品种相比，还存在着前期生长速度慢、泌乳性能差、产肉率低等缺点。20 世纪 80 年代以来，南阳市在本品种选育的基础上，先后引进利木赞、夏洛来等肉牛品种进行杂交改良，在提高产肉量等方面取得了较好效果，积累了丰富的育种工作经验。但由于杂交后代生长速度提高不大，产奶量增加不明显，加之毛色混杂，不为人们所接受。为此，南阳市政府、市畜牧局就南阳牛的育种方向、技术路线、方法措施等问题，组织全国养牛知名专家多次聚集南阳进行论证。专家一致认为德国黄牛是一个肉乳兼用品种，是肉用性能好、产奶量高、毛色和南阳牛非常相似的理想导入品种。

根据专家论证会的意见，南阳市畜牧局组织有关技术人员经过反复修订形成了导入德国黄牛培育南阳牛肉用新品系育种方案。南阳牛导入德国黄牛外血，外血含量保持 25％～12.5％，在不改变南阳牛传统毛色的前提下，提高南阳牛的产肉量和产奶量，加快犊牛的生长发育速度，从而培育出产肉量高、泌乳性能好、生长速度快的理想型肉用牛新品系，该方案技术上可行、方法上可靠。导血育种方案得到农业部"948"项目办公室的认可，并于 1997 年签订了引进国际先进农业科学技术合同书，决定从加拿大引进德国黄牛 50 头，其中公牛 20 头、母牛 30 头。于 1999 年 3 月隔离检疫结束，淘汰 7 头，实际引种 43

头，其中公牛 14 头、母牛 29 头。目前，南阳市种公牛站存栏德国黄牛 22 头。

南阳市委、市政府高度重视南阳牛育种工作，在执行"948"项目的同时，把导入德国黄牛培育南阳牛肉用新品系工作列为重点工作，每年市财政拿出 60 万元，免费推广德国黄牛冻精，年推广德国黄牛冻精 15 余万份，累计推广 220 多万支，从而加快了南阳牛育种进程。德国黄牛冻精还销往甘肃、广西、山东等省份。

德国黄牛与南阳牛杂交，其后代初生重 38～42 kg，比南阳牛增重 6～8 kg。德南牛公牛各项体尺、体重指标均高于南阳牛，特别是中后躯和产肉性能密切相关的几项体尺指标明显提高。德南牛耐粗饲、易饲养，且生长发育速度快。德南杂交牛背腰宽广平直，后躯发育好，体躯呈方块形，肉用体型明显，有效地纠正了南阳牛背腰欠宽广、尻部尖斜等缺陷。目前，德南牛育种工作已由杂交创新、横交固定阶段转向自群繁育阶段。德南牛毛色多为米黄色或浅红色，和南阳牛传统毛色相似，更均匀一致，深受人们喜爱。在调查过程中德南牛母牛极少发现难产现象。德南牛尤其适合山区牛改良。活牛交易市场调查结果表明，断奶时德南牛比南阳牛可多售 800～1 000 元。

第三节　南阳牛主要产品加工工艺

一、宰前准备

牛屠宰前要进行严格的兽医卫生检验，一般要测量体温和视检皮肤、口鼻、蹄、肛门、阴道等部位，确保没有传染病者方可屠宰。牛在屠宰前应停止喂食，绝食期间给足够的清洁饮水，但宰前 2～4 h 应停止饮水。牛在屠宰前还要充分冲洗淋浴，以除去体表上的污物。淋浴和冲洗的水温应在 20 ℃左右。

二、屠宰工艺

（一）致昏

致昏方法主要有锤击致昏法和电击致昏法两种。锤击致昏法是将牛绳牢牢系在铁栏上，用铁锤猛击牛前额（左角至右眼、右角至左眼的交叉点）将其击昏。此法必须准确有力一锤成功，否则就有可能给操作者带来很大危险。电击致昏法是用带电金属棒直接与牛体接触将其击昏。此法操作方便、安全可靠，适宜于较大规模的机械化屠宰场进行倒挂式屠宰。

（二）放血

牛被击昏后应立即进行屠宰放血。宰杀方法有倒挂式屠宰法和地滚式屠宰法两种。

1. 倒挂式屠宰法　用钢绳系牢处于昏迷状态牛的右后脚，用提升机提起并转挂到轨道滑轮钩上，滑轮沿轨道前进，将牛运往放血池，进行戳刀放血：在距离胸骨前 15～20 cm 的颈部，以大约 15°斜刺 20～30 cm 深，切断颈部大血管，并将刀口扩大，立即将刀抽出，使血尽快流出。戳刀时力求稳妥、准确、迅速。

2. 地滚式屠宰法　先选好位置，4 人配合，用绳把牛绊倒，顺势把牛头扭向牛背，捆牢四蹄，松开牛头，即行下刀。

放血后要待牛完全失去知觉才可剥皮。

（三）剥皮、剖腹、整理

1. 倒挂式屠宰法的剥皮、剖腹、整理

（1）割牛头、剥头皮　牛被宰杀放净血后，将牛头从颈椎第一关节前割下。有的地方先剥头皮后割牛头。剥头皮时，从牛角根到牛嘴角为一直线，用刀挑开，把皮剥下。同时割下牛耳，取出牛舌，保留唇、鼻，然后由卫生检验人员对其进行检验。

（2）剥前蹄、截前蹄　沿蹄甲下方中线把皮挑开，然后分左右把蹄皮剥离（不割掉）。最后从蹄骨上关节处把牛蹄截下。

（3）剥后蹄、截后蹄　在高轨操作台上的工人同时剥、截后蹄，剥蹄方法同前蹄，但应使蹄骨上部胫骨端的大筋露出，以便着钩吊挂。

（4）旋削直肠、剥臀皮　由两人操作，先从剥开的后蹄皮继续深入臀部两侧及腋下附近将皮剥离，然后用刀把直肠周围的肌肉划开，使直肠缩入腔内。

（5）剥腹、胸、肩部　腹、胸、肩各部都由两人分左右操作。先沿腹部中线把皮挑开，按腹、胸、肩的顺序把皮剥离。至此已完成除腰背部以外的剥皮工作。若是公牛还要将其生殖器（牛鞭）割下。

（6）机器拉皮　牛的四肢及臀部、胸、腹、前颈等部位的皮剥完后，将吊挂的牛体顺轨道推到拉皮机前，牛背向机器，将两只前肘交叉叠好，以钢丝绳套紧，绳另一端扣在桩脚的铁齿上，再将剥好的两只前腿皮用链条一端拴牢，另一端挂在拉皮机的挂钩上，开动机器，牛皮受到向上的拉力就被慢慢拉下。拉皮时，操作人员应以刀相辅，做到皮张完整、无破裂、皮上不带膘肉。

（7）摘取内脏　摘取内脏包括剥离食管气管、锯胸骨、开腔（剖腹）等工序。沿颈部中线用刀划开皮肤，将食管和气管剥离，用电锯由胸骨正中锯开。内脏出腔时将腹部纵向剖开，取出胃（肚）、肠、脾、食管、膀胱、直肠等，再划开横膈肌，取出心脏、肝脏、胆囊、肺脏和气管。对取出的脏器，要由卫生检验人员检验。摘取内脏时要注意下刀轻巧，不能划破肠、肛、膀胱、胆囊，以免污染肉体。

（8）取肾脏、截牛尾　肾脏在牛的腹腔内腰部，被脂肪包裹，划开脏器膜即可取下。截牛尾时，由于牛尾已在拉皮时一起拉下，因此只需在尾根部关节处用刀截下即可。

（9）劈半、截牛　摘取内脏之后要把整个牛体分成四分体。先用电锯沿后部盆骨正中开始分锯，把牛体从盆骨、腰椎、胸椎、颈椎正中锯成左右两片。再分别从腰部第 12～13 肋骨之间横向截断，这样整个牛体被分成四大部分，即四分体。

（10）修割整理　修割整理一般在劈半后进行，主要是把肉体上的毛、血、零星皮块、粪便等污物和肉上的伤痕、斑点、脓疡及放血刀口周围的血污修割干净，然后对整个牛体进行全面刷洗。

2. 地滚式屠宰法的剥皮、剖腹、整理　剥皮时，先将放血刀口扩大到两耳根附近，并把牛摆成仰卧姿势，先剥四蹄，再沿胸、腹中线用刀把牛皮挑开，由左侧开始剥至牛背，翻转牛体再剥右侧。同时剥离食管、气管，最后开腔摘取内脏（直肠可暂时截下留在体内，剔骨时取出）。

摘取内脏后，以耻骨为中线，分开骨盆两侧的肌肉，把髋、股关节（即股骨大转子）分解，并在牛体的后部以上留 2 根肋骨，划开肌肉，截断脊椎，分为前后两部分，将其分别吊挂在架杆上，进行剔骨（剔骨方法略）。

带骨的与不带骨（剔骨）不同之处是前者摘取内脏后，将牛体分成四分体。四分体冷冻待运或就地销售。从屠宰（宰杀）加工环节讲，不需剔骨。

三、内脏处置

牛下水称"牛杂碎"，有的地方称"下货"或"牛杂"。下水除头、蹄外，还包括心脏、肝脏、肺脏、胃、肾脏、肠等。有人把头肉、心脏、肝脏、肾脏归为一类，称硬货；肠、肚、肺脏、脾脏为一类，称软货。

牛下水的规格和质量要求：牛头肉不带头部皮骨、血污、脓肿，去净耳根和颌下的腺体，修割掉附近牙齿肌肉上的肉刺（俗称草芽），不带牛舌和眼睛。牛舌保持舌体完整，清除舌面残留污物，舌下不带松软组织。心、肝、肾、肺、脾等脏器修割病变部位，不带血污。瘤胃、皱胃、瓣胃（百叶）、盘肠（肥肠）和直肠（牛脘口）等脏器要倒净残留的草渣、粪便及污物，取净胃面和盘肠上的脂肪。牛蹄剥皮，去掉蹄甲，不剔骨。牛脑带脑膜，脑体完整，不残不破。

1. 牛头　有两种整理方法，一种是鲜剔，一种是熟拆。鲜剔是把宰后的牛头剔去骨骼，取出头部的肌肉。其中包括里外嘴巴肉、耳根肉、脑后肉、舌下肌肉等。同时修割取下腮腺和颌下腺体。熟拆是先把剥完皮的牛头颅骨（即脑盖骨，包括双角）砍开，取出牛脑，再沿面部中线劈成两半，并把上颌骨用斧头砸碎，便于拆取眼睛。涮洗后放锅里煮到五成熟，即可拆骨取肉。熟拆头肉不带牛舌，可带牛眼及上颌的口腔肌肉（即上堂肌肉，也称翘舌），同时把有关腺体割去。熟拆头肉，由于肉已煮至半熟，因此吃法上有一定的局限。不同牛头肉质地大不相同，一般外嘴巴肉最老，里嘴巴肉和耳根肉较嫩。外嘴巴肉煮熟收缩形似花腱，切开后有多种形状的花纹。

2. 牛舌　又称口条，个体较大，有的重达 1.4 kg，一般也在 0.75 kg 以上。舌体表面被一层较厚的硬膜包裹，舌体前半部表面又有很密的硬刺倒立，中部刺短，舌尖刺长。舌面硬膜有青色和白色两种。牛舌肌肉细腻，舌尖肉质坚韧，后部肌肉含有少量的脂肪（肉眼看不见，吃时才有感觉）。

3. 牛尾　有 9～12 个骨节，根部肉多而肥，梢部肉少而瘦，根部两侧肉内外都附着脂肪层，肌肉丰满。一般母牛尾较大，公牛尾较小。整理牛尾时要把根部底面的疏松组织修割干净。

4. 牛胃　共分 4 个部分，即瘤胃、网胃、瓣胃和皱胃。通常将瘤胃和网胃合称为肚。瘤胃容积大，占 4 个胃总容积的 80% 以上，网胃容积较小。牛胃肉质为白色，纤维粗而坚韧，并有明显的交错层次，外表面光滑，并附有脂肪，内壁生长着一层黏膜。在整理牛胃时，必须把胃黏膜刮净。方法是把牛胃在60～65 ℃的热水中浸烫，烫到能用手抹下黏膜时即可取出，然后铺在案板上，用钝刀将黏膜刮掉，再用清水洗净，最后把胃面的脂肪用刀割取或用手撕下。

5. 牛肚领　长在瘤胃上的两个较大的袋形部位是维护袋口的一块很厚的胃

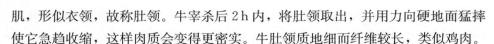

肌，形似衣领，故称肚领。牛宰杀后2h内，将肚领取出，并用力向硬地面猛摔使它急趋收缩，这样肉质会变得更密实。牛肚领质地细而纤维较长，类似鸡肉。

6. 瓣胃　也称百叶，呈扁圆形，内壁由层层排列的大小叶瓣所组成。叶瓣上都生有均匀的黏膜。整理瓣胃时，将每个叶瓣用水冲洗干净，然后撕下表面的脂肪。牛瓣胃肉质脆嫩，别具风味。

7. 皱胃　它比其他3个胃都小，内壁有一层粉红色的黏膜，并有胃液分泌，是消化和吸收饲料的营养器官。皱胃靠近网胃进口的一端较粗大，靠近十二指肠的一端较细小，由大、中、小3个袋状物所组成，故称"三袋葫芦"。整理时，要把皱胃用力划开，刮去胃黏膜冲洗干净，同时还要去掉外表面的脂肪。牛皱胃肉质肥美、松软，味道醇香。

8. 直肠　形状圆直，表面有很多脂肪包裹，内壁为粉红色的皱状黏膜。截取后，全段长20～25 cm，用刀割开，纵面宽5～8 cm，厚约1 cm。整理时要反复冲洗干净，去净表面脂肪。牛直肠质地细腻，香味浓厚。

9. 牛脾脏和肺脏　牛脾脏在其腹腔左边，紧贴瘤胃，呈片状长条形。脾脏质地疏松，藏血较多，色呈青紫红色。牛肺脏位于胸腔，分左右两叶，膨大而轻。整理时要把气管剖开洗净，摘除与心脏连接处污染的杂物。

10. 牛肥肠　是除了胃、直肠和小肠以外的肠。肥肠在脂肪和很多黏膜的维护下盘旋呈圆形，故又称"盘肠"。整理时要先顺着盘旋的方向用手把脂肪撕下，然后用较细的圆头刀把肠体剖开洗净。如遇有脂肪稀薄的肥肠，可以直接剖开冲洗，不必摘取脂肪。

11. 脏器　心脏、肝脏、肾脏等脏器的整理只需修割病变部位和清除干净血污即可。

四、胴体评定指标及方法

胴体冷却后在660lx的光线下（避免光线直射），在12～13（或6～7）胸肋间眼肌切面处对下列指标进行评定。

1. 大理石花纹　对照大理石花纹等级图（其中大理石花纹等级图给出的是每级中花纹的最低标准），确定眼肌横切面处大理石花纹等级。大理石花纹等级共分为7个等级：1级、1.5级、2级、2.5级、3级、3.5级、4级。大理石花纹极丰富为1级，丰富为2级，少量为3级，几乎没有为4级，其他3个等级介于它们之间，如介于极丰富与丰富之间为1.5级。

2. 生理成熟度 以门齿变化和脊椎骨（主要是最后 3 根胸椎）横突末端软骨的骨质化程度为依据来判断生理成熟度。生理成熟度分为 A、B、C、D、E 五级（表 10 - 1）。

表 10 - 1 生理成熟度

项目	A 级 24 月龄以下	B 级 24～36 月龄	C 级 36～48 月龄	D 级 48～72 月龄	E 级 72 月龄以上
门齿变化	无或出现第 1 对永久门齿	出现第 2 对永久门齿	出现第 3 对永久门齿	出现第 4 对永久门齿	永久门齿磨损较重
荐椎	明显分开	开始愈合	愈合，但有轮廓	完全愈合	完全愈合
腰椎	未骨化	一点骨化	部分骨化	近完全骨化	完全骨化
胸椎	未骨化	未骨化	小部分骨化	大部分骨化	完全骨化

3. 肉色 肉色是质量等级评定的参考指标，肉色等级按颜色深浅分为 9 个等级：1A 级、1B 级、2 级、3 级、4 级、5 级、6 级、7 级、8 级（肉色深于 7 级），其中肉色为 3、4 两级最好。

4. 脂肪色 脂肪色也是质量等级评定的参考指标，脂肪色等级也分为 9 级：1 级、2 级、3 级、4 级、5 级、6 级、7 级、8 级、9 级，其中脂肪色为 1、2 两级最好。

5. 热胴体重测定 宰后剥皮，去头、蹄、尾、内脏，劈半后，冲洗前称热胴体重。

6. 眼肌面积测定 在 12～13 胸肋间的眼肌横切面处，用眼肌面积板直接测出背最长肌切面的面积（图 10 - 1）。

7. 背膘厚度测定 在 12～13 胸肋间的眼肌横切面处，从靠近脊柱的一端起，在眼肌长度的 3/4 处，垂直于外表面测量背膘厚度（图 10 - 2）。

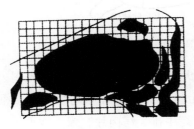

图 10 - 1 眼肌面积测定方法示意

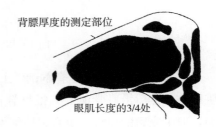

背膘厚度的测定部位

眼肌长度的 3/4 处

图 10 - 2 背膘厚度的测定部位

五、胴体的等级标准

1. 胴体质量等级标准   胴体质量等级主要由大理石花纹和生理成熟度两个因素决定，分为特级、优一级、优二级和普通级。除此以外，还可根据肉色和脂肪色对等级进行适当的调整，其中肉色以 3、4 两级为最好，脂肪色以 1、2 两级为最好。凡符合上述等级中优二级（包括优二级）以上的牛肉都属优质牛肉，优二级以下的是普通牛肉。

2. 胴体产量等级标准   以分割肉重（共 13 块）为指标。分割肉重的计算公式为：

$$分割肉重＝－5.939\ 5＋0.400\ 3×胴体重＋0.187\ 1×眼肌面积$$

牛胴体产量等级评定以胴体分割肉重为指标，将胴体分为 5 级：1 级，分割肉重≥131kg；2 级，121 kg≤分割肉重≤130 kg；3 级，111kg≤分割肉重≤120 kg；4 级，101 kg≤分割肉重≤110 kg；5 级，分割肉重≤100 kg。

六、胴体分割

牛胴体的分割方法各国之间有较大的差别。我国试行的牛胴体分割法将标准的牛胴体二分体分成臀腿肉、腹部肉、腰部肉、胸部肉、肋部肉、肩部肉、前腿肉、后腿肉 7 个部分（图 10-3）。在此基础上进一步分割成 13 块不同的零售肉块：里脊、外脊、眼肉、上脑、胸肉、嫩肩肉、腱子肉、大米龙、小米龙、臀肉、膝圆、腰肉、腹肉。

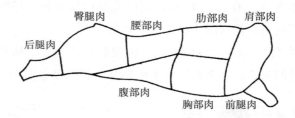

图 10-3   牛胴体部位分割

1. 里脊（牛柳）   里脊解剖学上称为腰大肌（图 10-4）。分割时先剥去肾脏脂肪，然后沿耻骨前下方把里脊挑出，由里脊头向里脊尾逐个剥离腰椎横突，取下完整的里脊。里脊肉质细嫩，适于烤牛排、烤肉片、熘、炒等。

2. 外脊（西冷）   外脊主要是背最长肌、眼肌（图 10-5）。分割时先沿最后腰椎切片，再沿眼肌腹壁侧（离眼肌 5～8 cm）切下，在第 12～13 胸椎间切开，最后逐个剥离胸椎和腰椎。外脊适于烤牛排、烤肉片、熘、炒、火锅涮肉等。

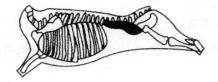

图 10-4　里脊（牛柳）示意

图 10-5　外脊（西冷）示意

3. 眼肉　眼肉主要包括背阔肌、肋最长肌、肋间肌等（图 10-6），其一端与外脊相连，另一端在第 5～6 胸椎。分割时先剥离胸椎，抽出筋腱，在眼肌腹侧距离为 8～10 cm 处切下。眼肉适于肉干、肉脯、罐头制品及制馅。

4. 上脑　上脑主要包括背最长肌和斜方肌等（图 10-7）。其一端与眼肉相连，另一端在最后脊椎处。分割时剥离胸椎，去除筋腱，在眼肌腹侧距离 6～8 cm 处切下。上脑适于制作肉干、肉脯、罐头及熘、炒等。

图 10-6　眼肉示意

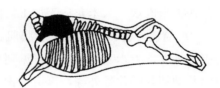

图 10-7　上脑示意

5. 胸肉　胸肉主要包括胸升肌和胸横肌等（图 10-8）。在剑状软骨处，随胸肉的自然走向剥离，修去部分脂肪，即成一块完整的胸肉。胸肉适于制作罐头、灌肠、酱肉。

6. 嫩肩肉　嫩肩肉主要是三角肌（图 10-9）。分割时循眼肉横切面的前端继续向前分割，可得一圆锥形的肉块，便是嫩肩肉，适于制作肉干、肉脯、罐头及熘、炒等。

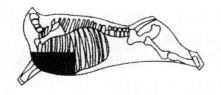

图 10-8　胸肉示意

图 10-9　嫩肩肉示意

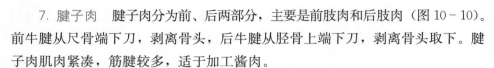
7. 腱子肉　腱子肉分为前、后两部分，主要是前肢肉和后肢肉（图 10 - 10）。前牛腱从尺骨端下刀，剥离骨头，后牛腱从胫骨上端下刀，剥离骨头取下。腱子肉肌肉紧凑，筋腱较多，适于加工酱肉。

8. 小米龙　小米龙主要是半腱肌，位于臀部（图 10 - 11）。当后牛腱取下后，小米龙肉块处于最明显的位置。分割时可按小米龙肉块的自然走向剥离。小米龙适于加工酱肉。

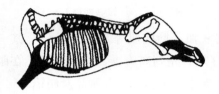
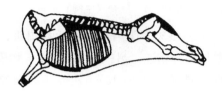

图 10 - 10　腱子肉示意　　　　　　　　图 10 - 11　小米龙示意

9. 大米龙　大米龙主要是臀股二头肌（图 10 - 12）。与小米龙紧相连，故剥离小米龙后大米龙就完全暴露，顺着该肉块自然走向剥离，便可得到一块完整的四方形肉块。大米龙适于加工酱肉。

10. 臀肉　臀肉主要包括半膜肌、内收肌、股薄肌等（图 10 - 13）。分割时把小米龙、大米龙剥离后便可见到一块肉，沿其边缘分割即可得到臀肉。也可沿着被切开的盆骨外缘，再沿本肉块边缘分割。臀肉适于制作肉干、肉脯、罐头、馅。

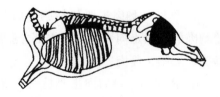

图 10 - 12　大米龙示意　　　　　　　　图 10 - 13　臀肉示意

11. 膝圆　膝圆主要是臀股四头肌（图 10 - 14）。当小米龙、大米龙、臀肉取下后，能见到一块圆形肉块，沿此肉块周边（自然走向）分割，很容易得到一块完整的膝圆。膝圆适于制作肉干、肉脯、罐头及熘、炒等。

12. 腰肉　腰肉主要包括臀中肌、臀深肌、股阔筋膜张肌（图 10 - 15）。在小米龙、大米龙、臀肉、膝圆取出后剩下的一块便是腰肉。腰肉肉质细嫩，结缔组织少，适于制作肉干、肉脯、罐头、馅。

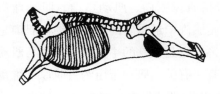

图 10 - 14　膝圆示意

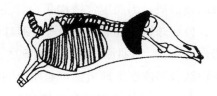

图 10 - 15　腰肉示意

13. 腹肉　腹肉主要包括肋间内肌、肋间外肌等（图 10 - 16）。亦是肋排，分无骨肋排和有骨肋排。一般包括 4～7 根肋骨。腹肉筋膜较厚，可烧、煮、制馅。

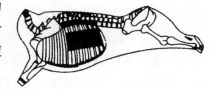

图 10 - 16　腹肉示意

七、牛肉的成分

牛肉的化学成分主要包括水分、蛋白质、脂肪、碳水化合物及少量的矿物质和维生素。

（一）水分

水分是牛肉中含量最多的成分，占 70%～80%。依其存在的形式可分为结合水、不易流动水和自由水 3 种。结合水是肌肉蛋白质亲水基所吸引的水分子形成的一紧密结合的水层，它不易受肌肉蛋白质结构和电荷变化的影响，甚至在施加严重外力条件下，其与蛋白质分子紧密结合的状态也不能改变。该水层冰点很低（－40 ℃）。结合水约占总水分的 5%。不易流动水是指存在于纤丝、肌原纤维及膜间的水。它虽不易流动，但能溶解盐及其他物质，在－1.5～0 ℃结冰，含量约为总水分的 80%。肉的保水性能主要取决于肌肉对此种水的保持能力。自由水是指存在于细胞外间隙中能自由流动的水，约占总水分的 15%。

（二）蛋白质

牛肉中除水分外的主要成分为蛋白质，占 18%～21%，占牛肉固形物的80%。肌肉中的蛋白质按其所存在于肌肉组织中位置不同，可分为肌原纤维蛋白、肌浆蛋白和肉基质蛋白 3 类。

1. 肌原纤维蛋白　肌原纤维蛋白占总蛋白的 40%～60%，是构成肌原纤维的蛋白质，因而也称结构蛋白。主要包括肌球蛋白、肌动蛋白、肌动球蛋白、原肌球蛋白和肌钙蛋白等。肌球蛋白是肌肉中最重要的蛋白，约占肌肉总蛋白的 1/3，占肌原纤维蛋白的 50%～55%。它是粗丝的主要成分，能与肌动蛋白结合形成肌动球蛋白，与肌肉的收缩直接有关。肌动蛋白约占肌原纤维蛋白的 20%，是构成细丝的主要成分，在肌肉收缩过程中与肌球蛋白结合，共同参与肌肉的收缩过程。肌动球蛋白是肌球蛋白与肌动蛋白结合而成，受三磷酸腺苷作用，可离解成肌球蛋白和肌动蛋白。原肌球蛋白占肌原纤维蛋白的 4%～5%，构成细丝的支架。肌钙蛋白占肌原纤维蛋白的 5%～6%，能结合钙，抑制三磷酸腺苷酶和起连接肌球蛋白的作用。肌原纤维蛋白是盐溶性蛋白质，可用 0.6～1 mol 盐溶液将其提取。它与肉制品的保水性和黏结性有重要关系。

2. 肌浆蛋白　　肌浆是指在肌原纤维细胞中环绕并渗透到肌原纤维的液体和悬浮于其中的各种有机物、无机物以及亚细胞结构的细胞器等。通常将肌肉磨碎压榨便可挤出肌浆，其中肌浆蛋白占 20%～30%。肌浆蛋白主要包括肌溶蛋白、肌红蛋白、肌粒蛋白和肌浆酶等。肌浆蛋白是水溶性蛋白，是肉中最容易提取的蛋白质，它不是肌纤维的结构成分，不直接参与肌肉收缩，主要参与肌肉的物质代谢。

3. 肉基质蛋白　　肉基质蛋白是指肌肉组织磨碎后，在高浓度的中性盐溶液中充分浸提之后的残渣部分，其中包括肌纤维膜、肌膜、毛细血管等结缔组织。其主要成分是胶原蛋白、弹性蛋白和网状蛋白，是分别构成胶原纤维、弹性纤维和网状纤维的主要成分。胶原蛋白在 70～100 ℃下加热易分解形成明胶，也易被酶水解，因而易于消化；而弹性蛋白一般加热不能分解，因而较难消化；网状蛋白的性质与胶原蛋白很相似。

（三）脂肪

动物的脂肪可分为蓄积脂肪和组织脂肪。蓄积脂肪包括皮下脂肪、肾周围脂肪、大网膜脂肪及肌肉间脂肪等；组织脂肪为肌肉及内脏内的脂肪。牛肉的脂肪组织中 90% 为中性脂肪，7%～8% 为水分，3%～4% 为蛋白质，此外还有少量的磷脂和固醇脂。

中性脂肪即甘油三酯，由 1 分子甘油与 3 分子脂肪酸结合而成。牛肉中的脂肪均为混合甘油酯，即与甘油结合的 3 个脂肪酸都不相同。牛肉脂肪的脂肪酸有 20 多种，其中饱和脂肪酸以硬脂酸居多，约占总脂肪酸的 41.7%；不饱和脂肪酸以油酸和棕榈酸居多，分别占总脂肪酸的 33.0% 和 18.5%，而亚油酸仅占 2.0%。

（四）碳水化合物

碳水化合物是指除蛋白质、盐类、维生素外能溶于水的浸出性物质，包括含氮浸出物和无氮浸出物。含氮浸出物为非蛋白质的含氮物质，如游离氨基酸、磷酸肌酸、核苷酸、肌苷及尿素等。这些物质决定肉的风味，为滋味的主要来源，如三磷酸腺苷不仅参与代谢供给肌肉收缩的能量，而且其本身逐级降解的肌苷酸为肉鲜味的主要成分。又如磷酸肌酸可分解成肌酸，肌酸在酸性条件下加热则为肌酐。无氮浸出物为不含氮的可浸出的有机化合物，包括糖类化合物和有机酸，主要有糖原、葡萄糖、麦芽糖、核糖、糊精、乳酸及少量的甲酸、乙酸、丁酸、延胡索酸等。

（五）维生素

牛肉中主要是水溶性维生素，脂溶性维生素较少，但肝脏中则含有丰富的脂溶性维生素。如每 100 g 牛肉中维生素的含量：维生素 B_1 为 0.07 mg，维生素 B_2 为 0.2 mg，烟酸为 5.0 mg，叶酸为 10 mg，维生素 B_{12} 为 2.0 mg。每 100 g 肝脏中维生素 A 含量为 17 000 U、维生素 D 含量为 1.13 μg。

（六）矿物质

牛肉的矿物质是指牛肉中的一些无机盐和元素，含量约为 1.5%。每 100 g 牛肉中矿物质的含量：钠为 69 mg、钾为 334 mg、钙为 5 mg、磷为 276 mg、镁为 24.5 mg、铁为 2.3 mg、铜为 0.1 mg、锌为 4.3 mg。这些矿物质在肉中有的以单独游离状态存在，如钙、镁等；有的以络合状态存在，如硫、磷等。

八、牛皮加工

黄牛皮是制革工业的重要原料，成革后用途很广，大致可分为军用、工业用和民用。①军用：枪带、子弹带、炮衣、轻重武器皮带、马鞍、通信用的各种皮包、皮带等。②工业用：机器轮带；各种纺织用革，如皮圈、皮棍等。③民用：皮鞋、皮箱、皮带、篮球、排球、足球，医药、交通和农业器材等。

（一）生皮整理工艺

主要有两种，即淡干板、盐干板。

1. 淡干板 将鲜血牛皮割去嘴唇，削净肉屑、油脂，除掉耳根、尾骨、角、蹄、杂质等，选择平坦的地方，把皮板向上毛面向下，全皮伸展平齐进行晾晒，待晾到六成干左右时再把皮翻过来晒毛面，全皮晒到八成干时，扫净皮上的尘土杂质可开始折叠。要求叠成"大合板"，即毛面向里，沿中脊线对折，边缘及头、腿等突出部位折到里面，使毛面不致受磨损。在晾皮时应防止烈日暴晒，尤其要防止炎热的中午阳光直射，以免烫伤或晒熟皮。对初步折叠后的皮，需在次日再摊开晾晒，待全部干燥为止，再按原样折叠好，以便贮存，并作为制革的原料皮。

2. 盐干板 将鲜血牛皮按淡干板工艺处理后毛面向下、板面向上平铺在水泥地、石板地或腌皮的水池内，然后把皮张的头部及糙皮内肷部位拉开展平，在皮层上撒布一层均匀的盐（工业用盐），按每 100 kg 鲜皮用盐 25.30 kg 计算，再用草鞋抹匀抹透。如皮张数量多，应逐张撒盐擦盐，逐张堆叠，一般堆到 65 cm 高度为限，堆得过高易倒塌，最上面一层要多撒些盐。为了防止出现花盐板（盐多伤皮），一般腌 5～6 d 后要翻堆 1 次，即把上层的皮张翻到底层，并再逐张撒些盐，再过 5～6 d 待全皮腌透后拿出晾晒，晾晒方法同淡干饭，晾晒后折叠，要求叠成"叠被形"，即皮晾晒至八成干时，毛面向里，先将两脊叠起，再把肩部叠起，最后从中脊线对折合起。盐干板能提高皮张质量，鲜皮最好采用盐腌法干燥。但必须腌透，使皮内血水自然排净，切不可为省盐或提前晾晒使皮成半盐板，这不但影响皮质，也会被虫蛀蚀。

（二）牛皮的保藏

牛皮内含有大量蛋白质，经过初步整理加工后仍含有一定量的水分。因此淡干板和盐干板都容易被虫蛀或霉烂变质，为了使牛皮品质不受损失，要特别注意贮藏保管。库内保持阴凉、干燥、清洁卫生，库内温度不得超过 30 ℃，相对湿度不超过 70%。皮张入库前必须逐张检查，潮湿或边缘不干的皮剔出晾干后方能入库。淡干板牛皮自然水分含量应为 12%～16%，水分含量过高或过低都会使皮张受到损失。牛皮入库必须分等存放，地面垫上枕木或铺垫 30 cm 以上厚的谷糠，将牛皮逐张摆平码垛，如果不是立即运出，不准打捆贮藏，以免虫蛀、发霉变质。盐干板在梅雨季节和阴雨天容易回潮，最好存放在密封的库内，尽量减少潮气进入，回潮的皮张要及时晾晒，以免品质受损。春季气候转暖，极易滋生害虫，这时应在库内四周墙根、垛底、窗台、出入口及皮垛内施放防虫药粉。

除上述一些基本要求以外，对皮质较差的牛皮可采取药物贮藏法，即喷浸或洒上少量的防腐剂，如浓度为 0.5~2 g/mL 的含氯消毒剂，或选用硼酸、亚硫酸盐等。

（三）牛皮的量级规定

牛皮以淡干板为标准，分为三个等级，即 9 kg 以上为重量级（大张皮），6 kg 以上为中量级（中张皮），5 kg 以上为轻量级（小张皮）。鲜皮折合干皮的计算：2.5 kg 鲜皮折合 0.5 kg 淡干板，2 kg 鲜皮折合 1 kg 盐干板。但是根据牛皮生产季节、涨幅大小的不同，鲜皮晾晒干皮的实际重量也不完全相同。

（四）牛皮的加工工艺

牛皮主要用于制革，由于牛皮的种类众多，其加工工艺也很多，本部分主要介绍一种目前广泛应用的加工工艺。

1. 浸水　目前牛皮多采用撒盐法防腐，有的撒盐不均匀，有的还撒大颗粒食盐，使盐腌更不均匀，造成牛皮脱水程度不一致。再加上牛皮本身存在着部位差，各部位脱水程度更加不均匀。因此应从浸水开始严格控制浸水程度，逐张检查皮的充水情况。皮切口中层充水不足，将造成草木灰脱毛时皮表面层吸收草木灰多、中层吸收草木灰少，使得皮表面膨胀度大于中层，在粒面上形成粗纹，直到加工成革，粗皱纹也很难消除。所以针对这种缺陷，采用机械作用温和、加浸水助剂和酶制剂的转鼓浸水法。其浸水工艺为：

（1）浸水工艺条件　液比 3，常温，投皮，浸泡 2~3 h，转 10~20 min，排水。

（2）水洗　液比 2~3，闷水洗 3 次，每次转 3~5 min，洗去泥沙和血污等。

（3）脱脂　液比 2~2.5，常温，加渗透剂 0.2%~0.3%、脱脂剂 0.5%、碳氢钠 0.4%~0.6%（按皮肉面上所带的油脂多少决定用量）。冬季加 209 或 2709 蛋白酶 0.01%（5 万 U），转 10~20 min，停 30 min，以后每 1 h 转 2~

3 min，共转 3～4 次，废液 pH 为 7.5～8.5 排水，加水，控制液比 2.5～3，常温，夏季加防腐剂，转 2～3 min 禁止过夜。

（4）去肉　采用四刀法，对头颈部位反复 2～3 次，要求全张皮去干净肉。皮面有"死肉"会使粒面皱纹伸不开。

（5）称重　作为再浸水和浸草木灰用量依据。

（6）再浸水　液比 2，常温，加碳酸钠 0.3%、脱脂剂 0.3%，转 10～20 min，pH 为 8.5～9。检查浸水皮达到要求的方法：主要部位切口中层呈乳白色，用手拉动切口处时，胶原纤维束稍能看得见，皮扔到地上能舒展，说明浸水皮达到浸水要求。

2. 脱毛膨胀　加浸灰助剂，分次加硫化钠和石灰，对打开颈皱和肚边肥纹有明显的效果。可用 3 种方法：

（1）液比 1，加浸灰助剂 1.0%～1.5%、硫氢化钠 0.7%～1%，转 20 min，停 20 min；加硫化钠 0.5%～0.6%、石灰粉 1%，转 20 min，停 40 min；加硫化钠 0.5%～0.7% 和石灰粉 0.5%，转 20 min，停 40 min；加石灰粉 2%，转 30 min，停 30 min；加水 100%，再加石灰粉 1%～2%，转 30 min，停鼓；以后每小时转 3～5 min，共转 6 次，停鼓过夜，总浸草木灰时间 18～20 h。

（2）液比 2～2.5，常温，加硫化钠 0.5% 和浸灰助剂 1.0%～1.5%，转 20 min，停 20 min；加石灰粉 1.5%，转 10 min，加硫化钠 0.5%～0.6%、硫氢化钠 1%～1.2% 和石灰粉 1%，转 30 min，停 30 min，转 10 min；再加硫化钠 0.2%～0.3%、石灰粉 2% 及浸灰助剂 0.2%，转 20 min，停 40 min；以后每小时转 3～5 min，共转 6～8 次，停鼓过夜。

（3）液比 1，加浸灰助剂 1% 和硫氢化钠 1.0%～1.2%，转 20 min，停 20 min，加硫化钠 1% 和石灰粉 1%，转 40 min，停 40 min；加石灰粉 2% 和硫化钠 0.2%～0.3%，转 30 min；加石灰粉 1%～2%，加水 100%，转 30 min，停鼓；以后每小时转 3～5 min，共转 10 次，停鼓过夜。

上述 3 种浸草木灰脱毛方法所得的灰裸皮膨胀适中，粒面上毛根、表皮除去较干净，皮身舒展，不僵硬，有弹性。在浸草木灰脱毛过程中加浸灰助剂，分次加硫化钠和石灰，使浸水皮吸收草木灰 pH 逐渐由低到高，pH 逐步上升，4～6 h 达到最高值（pH 从 9 上升到 13）。另外，由于浸水皮在脱毛前就处于弱碱性状态（pH 为 9 左右），皮内外层 pH 差异不大，吸收草木灰缓和，其结果对展开颈皱纹和肚边肥纹有明显效果，从而达到脱毛干净，膨胀均匀、适中，减小部位差，减少松面的要求。

3. 片灰皮后复灰　灰裸皮经过片皮后，进行轻微复灰，使牛皮胶原纤维结构松散更均匀，可进一步打开颈皱纹和肚边肥纹。

片灰皮后称重。复灰的工艺条件为：液比 2～2.5，常温，加石灰粉 0.5%～2%（按季节调整用量）、浸灰助剂 0.2%～0.3%、洗衣粉 0.1%，转 10～20 min，以后每小时转 2～3 min，共转 4 次，停鼓过夜，翌晨转 5 min，水洗出鼓。

4. 脱灰　闷水洗脱灰：闷水洗 3 次，每次液比 3，转 5～10 min，最后一次水洗完，查 pH 为 9.5～10.5。脱灰：液比 0.5，温度 30 ℃，加氯化铵 0.5% 和硫酸铵 1.5%，转 30～40 min，查 pH 为 8.5～9。脱灰程度按不同产品掌握，弹性鞋面革，臀部切口用酚酞指示剂检查留 1/4 红心；软鞋面革要求脱灰脱净，臀部切口无色。闷水洗脱灰逐步降低灰裸皮的 pH，最后控制到 8.5～9，有助于打开颈皱纹，防止加深肚边肥纹。脱灰后用温水闷水洗 1 次。

5. 软化　软化要到位才能打开颈皱纹和肚边肥纹。其工艺条件为：液比 1，温度 30～33 ℃，加酶素软化剂 0.4%～0.5%、硫酸铵 0.3%，平平加 0.2%，转 20～40 min，要求裸皮粒面白净，柔软，光滑，有指纹，pH 为 8.5 左右。用胰酶软化时温度不宜高，温度 36～37 ℃，液比 1.2～1.5，加胰酶 0.04%～0.05%、硫酸铵 0.4%，平平加 0.2%，转 30～40 min，软化程度要求同前。不管用胰酶软化或酶素软化剂软化，都要求软化到位。若软化不到位，经浸酸、鞣制，颈皱纹就固定了，肚边肥纹变成纵向平行皱纹，伸展、绷板也难解决。

6. 浸酸、铬鞣　浸酸、铬鞣采取液化适中分次加酸的缓和浸酸、铬鞣。

（1）浸酸时酸的种类及用量、液比、加酸速度和 pH 都影响着皱纹能否展开。小液比浸酸，裸皮吸收酸快而多，但是各部位吸收酸量不够均匀，裸皮在鼓内不够舒展，易弯曲打结，对展开皱纹不利。因此采用液比 1，加食盐 8% 和明矾 0.5%，转 10 min，加甲酸 0.6% 和硫酸 0.8%～1%，分 6 次加入，每次转 5 min。先加甲酸，后加硫酸，30 min 内加完，甲酸和硫酸预先用 10 倍水稀释，并降低到室温才能加入转鼓。加完酸后加阳离子加脂剂 0.5%，转 30～50 min，对打开颈皱纹和肚边肥纹有帮助，又可达到增加成革面积的目的。

（2）铬鞣在浸酸废液中进行，用铬鞣剂 KMC 铬粉 4%（碱式硫酸铬含量 33%～36%、三氧化二铬含量 26%左右）（按红矾用量百分比计算），醋酸钠 0.5%或苯二甲酸钠 0.6%，控制提碱速度及加热水温度，最终 pH 为 3.8～4，收缩温度 95℃。

7. 复鞣　为了展开颈皱纹和肚边肥纹，应选择收敛性小又能和胶原蛋白起多点结合的复鞣剂进行合理配伍。如用多金属配合鞣剂、改性戊二醛，中和后用树脂复鞣剂、栲胶、合成鞣剂、填充剂协调比例复鞣达到牛皮丰满、柔软而有弹性的鞋面革。总之，要求复鞣对颈皱纹无加重现象，控制好复鞣的液比、温度、时间，特别是填充前加少量渗透性好的加脂剂对展开颈皱纹有好处，可减少因填充引起的粒面收缩。

8. 中和　中和适度，采用甲酸钠配合少量碳酸氢钠和碳酸氢铵，分 3 次缓慢加入，每次间隔 5～10 min，使中和液的 pH 慢慢上升，达到中和的要求。中和终点 pH 控制为 5～5.2。

9. 填充　填充要适中，采用 45～48℃染色加油，加油结束后检查，如有松面现象加树脂填充。控制 pH 约为 4.5 时填充最好。如果 pH 过低，温度过高，液比小，填充树脂就会在粒面沉积过多，并使料面收缩，加深皱纹痕迹。

10. 干燥　干燥采用贴板、伸展、绷板、伸展、真空干燥相结合的方法，伸展时先按皱纹多少、深浅挑选分类，给予不同次数的伸展。伸展后将皱纹大的坯革贴板到含水分 35%左右时，趁坯革有温度再伸展 2～3 次，迅速绷板定型 2 h，接着真空干燥 80 s 左右，然后挂晾干燥，有助于展开颈皱纹和肚边肥纹。

11. 熨平　老牛皮颈皱纹很深，经过上述工序加工后也未能达到平展。采用粒面轻回湿，放置 20 min，温度 60℃、时间 2 s 熨平 1～2 次，使颈皱纹平展。对老牛皮来说要达到看不见颈皱纹是不可能的，除非做修饰鞋面革。

（五）南阳牛皮革的特点

南阳牛皮鞋耐穿，寿命较鲁西牛、秦川牛皮鞋延长 8～12 个月。南阳牛皮头层的革面积 3.2～3.4 m²，而鲁西牛、秦川牛分别为 3～3.2 m² 和 2.9～3.1 m²。

南阳牛皮分层得革率高，牛皮第二、第三层的革面积合计为 2.8～3.2 m²，鲁西牛、秦川牛分别为 2～2.2 m² 和 1.9～2.1 m²。

第四节　营销与品牌建设

南阳牛历史悠久，是全国五大良种黄牛之一。体躯高大，肉质细嫩，香味浓郁，皮质优良。早已驰名全国，享誉世界，且被誉为中华之瑰宝。南阳牛群体数量多，历史最高年份饲养量曾达到 400 万头之多，皮薄骨细，更重要的是南阳牛肉质鲜美细嫩，肌纤维细，脂肪均匀分布于肌纤维之间，大理石花纹明显，是我国发展高档肉牛产业理想的宝贵资源，是生产高档牛肉的最佳品种和极具走向世界潜力的地方优良品种。因此，国家主要职能部门先后颁发了《南阳牛国家标准》；对新修订的《南阳牛标准》和《原产地标记》《南阳黄牛地理标志集体商标》等文本，予以充分肯定。2005 年、2006 年南阳市先后举办两届黄牛节，2012 年南阳黄牛又被全国第七届农民运动会定为大会的"吉祥物"予以弘扬。南阳市先后被确定为中央肉牛活体储备基地牛场、国家级出口肉牛质量安全示范区和河南省肉牛产业集聚区等。可以肯定的是南阳牛已经具备了快速发展的良好社会氛围。

南阳黄牛地理标志集体商标的注册成功，是南阳市畜牧业发展史上的一件大事，也是全国五大良种黄牛的第一个集体注册商标，标志着南阳牛产业进入商标品牌战略发展的新阶段、新时代，对进一步提高南阳黄牛的知名度和美誉度，保护促进南阳黄牛产业持续发展，助推乡村振兴都将发挥着积极作用和具有重大意义。

一是南阳黄牛商标注册成功，把南阳黄牛标准纳入了法定标准。只有符合商标规定标准的活牛才能称为南阳黄牛。严格界定了南阳黄牛和其他黄牛的区别，克服和避免了市场交易中的品种混乱和假冒行为。

二是保护南阳黄牛的优质品种资源，从法治上树标立规，克服了黄牛生产中的无序改良，从而保证南阳黄牛的保种育种，使其沿着固有的优良品性发展延续。

三是南阳黄牛商标注册成功，是南阳黄牛在牛业商品生产领域中有了合法的名分和商标品牌，必将对延长产业链，提高产品竞争力，实现经济高效发展，加快资源优势向经济优势转化，强势占领国内牛肉市场和走出国门产生积极的推动作用。

四是南阳黄牛商标注册成功，有利于激发南阳牛产业的持续稳定发展，为发展高档肉牛，打造品牌经济，带动产业发展，造福人民，实现商标富农工程创造了先决条件。

五是南阳黄牛商标注册成功，有利于把南阳黄牛生产逐步纳入现代化、标准化管理规范，提升南阳牛产业品牌发展水平。标准化生产是产业创品牌的前提和基础，商标是赋予识别名牌产品的重要标志名片，是增强产品竞争力的重要手段，是提高牛产业附加值的无形资产，是南阳牛及其新产品占领国内外市场的强大信誉。

近年来，南阳市以建设全国皮南牛肉牛强市为目标，以科尔沁牛业南阳有限公司落户新野为契机，形成以科尔沁牛业为龙头、规模养牛场为骨干、养殖小区和母牛专业村为基地的皮南肉牛产业发展格局，实现以市场为导向、企业为主体、农户为单元、政府搞服务的肉牛产业化发展模式，充分发挥"五个优势"，即发挥皮埃蒙特牛良种优势，制订了皮南牛育种技术路线，培育出一个高屠宰率、高瘦肉率皮南牛品种；发挥基地优势，扩大基础牛群，南阳市已建立皮南牛繁育与养殖基地（小区）120个，培育母牛专业村180个；发挥品牌优势，提升产品价值，提高市场占有率，拉动皮南牛价格上涨，每头皮南育成牛较其他品种牛能多卖1 500元左右；发挥龙头优势，打造产业聚集区，形成了以新野为基地、科尔沁牛业为龙头、规模养牛场为骨干、养殖小区和母牛专业村为基地的中原肉牛产业聚集区，涉及肉牛育肥、屠宰加工、熟食品加工、牛文化博物馆、休闲娱乐、物流配送等十余项目；发挥政策优势，促进养牛业快速发展。南阳市政府先后出台了《加快畜牧业发展优惠政策及奖励办法》《关于大力发展皮南肉牛产业的意见》《关于加快母牛专业村建设的扶持意见》，每年拿出1 000万元设立皮南牛发展专项资金，对建成一个千头育肥场奖励60万元（市财政补贴50万元、县财政补贴10万元），皮南牛配种全部免费，防疫实行免费；修建青贮池、糖化池的，每立方米市财政补贴2元；对获得无公害产地认定企业每个补助3 000元；对购买大型饲料加工机械的，市财政补贴2 000元；由市政府和科尔沁牛业分别出资500万元，在市信用联社建立1 000万元的养牛信用贷款担保基金，信用社放大5倍比例向养牛户提供贷款，利息按国家基准利率执行，每头牛贷款约4 000元，解决养牛户流动资金不足的问题。南阳市皮南牛存栏量以每年12%速度递增，开拓出了一条独具中原特色的肉牛产业化发展之路。

科尔沁牛业南阳有限公司已取得了全国有机牛肉商标，使科尔沁的冷鲜牛肉成为全国销售价较高的产品。皮南牛肉及其制品成为北京奥运会、广州亚运会、世界大学生运动会供应食品。1990 年中国农业科学院、农业部、河南省畜牧局及南阳地区领导在北京香格里拉饭店举办了皮南牛肉质品尝会，瑞士厨师评价该牛肉完全符合最优级牛排肉的要求，每千克里脊肉估价 25 美元，皮南牛肉肉质得到了国内外专家的肯定。2004 年在国家工商总局注册的"十二黑"牌皮南肉牛活牛商标，成为全国第一个活牛注册商标。2006 年 5 月 25 日，在北京举办的中国·新野皮南肉牛肉品鉴定新闻发布会上，皮南牛肉被中外肉牛专家确定为高档营养性保健性双肌型牛肉。皮南牛兼容了父母本的优秀特征，蛋白质和维生素 A 含量高，脂肪和胆固醇含量很低，钙、铁、锌、锰含量很高，牛肉质地比较细嫩。皮南牛具有独特的营养特性，适宜做老年人、孕妇和儿童的食品。2009 年 11 月 10 日，在全国第四届牛业发展大会上，来自全国各地的 600 余名牛业界专家学者参观了皮南牛，得到了专家们的好评，进一步宣传了皮南牛品牌。

参 考 文 献

国家畜禽遗传资源委员会，2011. 中国畜禽遗传资源志：牛志［M］. 北京：中国农业出版社.

李少洋，杨延玲，颜新宇，2015. 皮南牛良种繁育与养殖技术［M］. 北京：中国农业出版社.

宋洛文，黄克炎，张聚恒，等，1997. 肉牛繁育新技术［M］. 郑州：河南科学技术出版社.

王元兴，郎介金，1993. 动物繁殖学［M］. 南京：江苏科学技术出版社.

张开洲，2008. 南阳牛文化［M］. 郑州：中原农民出版社.